移动机会网络

袁培燕　著

U0309238

科 学 出 版 社

北 京

内 容 简 介

移动机会网络基于节点接触形成的通信机会逐跳转发数据，是满足物联网透彻感知与泛在互连的一种关键技术，具有十分重要的研究意义。在移动机会网络中，由于感知设备时时在线和具体应用的时效性需求，数据感知通常是连续的、实时的。另外，由于网络接入方式异构、网络通信手段多样、用户设备联网时间不一，感知设备之间采用的是一种弱连接的方式。如何解决数据感知的实时连续与网络状态弱连接之间的矛盾，是移动机会网络面临的一大技术挑战。

针对上述问题，本书首先对移动机会网络的组网基础、概念、体系结构、应用背景以及自组织路由、机会路由技术进行介绍；其次围绕移动机会网络中信息传播问题，建立了信息扩散过程中参与节点个数与信息传播延时、投递率之间的关系模型，在此基础上，基于社会化网络分析技术，从节点、边以及网络社区结构三个层次对社会性辅助的机会路由算法进行研究；最后对移动机会网络网内信息处理技术进行介绍，重点分析了数据融合策略对机会网络性能的影响。

本书可供计算机类、通信类专业的大学高年级本科生、研究生使用，对从事计算机网络相关工作的工程技术人员也有参考价值。

图书在版编目(CIP)数据

移动机会网络/袁培燕著. —北京：科学出版社，2016.3
ISBN 978-7-03-047416-2

Ⅰ．①移… Ⅱ．①袁… Ⅲ．①移动网—研究 Ⅳ．①TN929.5

中国版本图书馆 CIP 数据核字(2016)第 038552 号

责任编辑：王 哲 邢宝钦 / 责任校对：包志虹
责任印制：徐晓晨 / 封面设计：迷底书装

科 学 出 版 社 出版
北京东黄城根北街 16 号
邮政编码：100717
http://www.sciencep.com

北京中石油彩色印刷有限责任公司 印刷
科学出版社发行 各地新华书店经销

*

2016 年 3 月第 一 版 开本：720×1 000 1/16
2016 年 3 月第一次印刷 印张：8 3/4
字数：170 000

定价：45.00 元

（如有印装质量问题，我社负责调换）

前　言

移动机会网络为满足物联网透彻感知与泛在互连需求提供了一种重要的技术手段。数据交换作为实现间歇式连通环境下节点通信的理论基础，具有十分重要的研究意义。与此同时，移动机会网络中节点移动、资源受限、拓扑时变的特点为设计高效的数据交换机制带来了巨大的挑战。如何设计轻量级、分布式的数据收集与转发策略，满足大规模的自主组网需求，是目前移动机会网络研究中迫切需要解决的关键科学问题之一。

针对上述问题，本书结合移动机会网络中节点具有的丰富社会属性，从信息扩散机理、机会路由算法以及网内信息处理三个方面入手开展研究，提出了一系列模型和方法。这些模型和方法以社会化网络分析理论为基础，并在大量计算机仿真和数据集下进行验证。本书共分 8 章，主要内容如下。

（1）第 1～3 章对移动机会网络的组网基础、概念、体系结构、应用背景以及自组织路由、机会路由技术进行介绍。

（2）第 4 章对移动机会网络的信息扩散模型进行介绍。给出了移动机会网络中信息扩散律更紧的上限表示，建立了信息扩散过程中参与节点个数与信息传播延时、投递率之间的关系模型。

（3）第 5～7 章基于社会化网络分析技术，从节点、边以及网络社区结构三个层次对社会性辅助的机会路由算法进行研究。

（4）第 8 章介绍了移动机会网络网内信息处理技术，重点分析了数据融合策略对机会网络性能的影响。

本书在撰写过程中力求结构清晰、内容精练，希望既可帮助感兴趣的初学者快速了解移动机会网络相关技术，又可帮助有一定研究基础的同行开阔视野、拓展思路。

本书主要对作者的研究成果进行总结，也引用、评价了国内外的相关工作。此外，本书在出版过程中得到了河南师范大学学术专著出版基金、国家自然科学基金项目的资助，在此一并表示衷心的感谢。

考虑到国内对移动机会网络的研究才刚刚开始，以及作者学术水平所限，书中难免有不足之处，欢迎读者批评指正。

作　者

2016 年 2 月 1 日

目　　录

第1章 绪　　论

局域网、广域网、移动互联网、物联网贯穿整个计算机网络的发展历程。移动自组织网络与移动机会网络是满足物联网泛在互连与透彻感知需求的重要技术手段，具有重要的理论研究意义与实际应用价值。本章对两类网络的产生背景、概念、特点、应用领域以及移动网络性能分析时涉及的一些基础知识进行系统介绍。

1.1　移动自组织网络

本节从移动自组织网络的产生背景、概念、特点、应用领域四个方面进行介绍。

1.1.1　移动自组织网络产生背景

计算机联网的目的之一是实现数据共享、满足人们获取信息的需求。而随着各种便携式设备（如笔记本、手机）的迅速普及，在这些设备之间实现互连互通就显得越发重要。遗憾的是，当前的骨干网络（如互联网与移动互联网）无法有效解决这一问题。这主要是由于这些网络需要基础设施支持，而对于原本不存在基础设施的区域或者基础设施遭到破坏的区域（如在大海上、沙漠中，以及灾区、战场、临时会议、军事行动等特殊场所），上述骨干网络就不能满足要求。在这种情况下，作为移动通信的另一种表现形态——移动自组织网络（mobile ad hoc networks，MANET）[1]应运而生。

1.1.2　移动自组织网络概念

移动自组织网络是无线网络的一种特殊形式，它不需要中央控制设施支持。节点在网络中既充当路由器，又充当主机，作为对等实体互连在一起。非相邻的节点间的通信需要通过网络中的其他节点进行中继才能实现，从而组成一个多跳的移动无线网络[2-4]。图 1-1 描述了一个由三个节点组成的移动自组织网络。

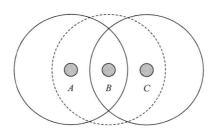

图 1-1　一个两跳的移动自组织网络

在图 1-1 中，节点 A 和 C 均不在对方的通信范围之内，而双方都在节点 B 的通信范围之内，因此当节点 A 与节点 C 进行数据传输时，数据包必须通过中间节点 B 进行转发，从而在节点 A 和 C 之间组成一个两跳的移动自组织网络。

1.1.3 移动自组织网络的特点

移动自组织网络与互联网以及移动蜂窝网络相比，具有下列特点。

（1）网络拓扑结构时变性。这是移动自组织网络最显著的特点。因为在移动自组织网络中节点可以随意移动，导致网络拓扑结构也随之变化。此外，移动通信单元发射和接收特性（如功率）的变化也会影响网络拓扑结构。

（2）网络自治性。网络中的节点通过无线信道连接，每个节点都具有路由功能，构成无线路由器。整个网络就是由无线路由器组成的一个自治系统。同时移动自组织网络具有全分布特性，不需要基站等核心通信设施支持，方便快速布设。

（3）资源受限性。链路带宽受限、容量可变，具有低速、高误码率、带宽资源有限等特征。此外，自组织网络中的节点主要依靠电池来供电，操作过程中电能受限。

（4）链路非对称性。节点发射功率、电池能量以及地理位置等因素的变化使得移动自组织网络中链路存在单向性。如图 1-2 所示，若节点 A、B 发射功率不同，则 A 发射的信号 B 能接收到，但 B 发射的信号 A 却不能接收到，从而形成单向链路[5]。

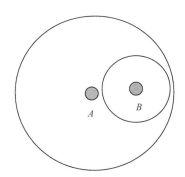

图 1-2　节点 A、B 发射功率不同的情况

（5）强残存性。因为移动自组织网络没有控制中心，故当某一节点出现故障时，并不会使整个网络陷入瘫痪状态，具有较强的残存性。

（6）短时效性。这里面包含两层意思，其一是单条链路之间由于节点移动使得链路生存时间短；其二是移动自组织网络一般是为了满足某种临时需求而建立的，任务完成后即被拆除。

（7）有限的安全性。移动自组织网络中节点之间通过无线信道相连，没有专门的路由器，也没有命名服务、目录服务等功能。这些特点使得传统网络的路由协议和安全措施不再适用于移动自组织网络。

1.1.4 移动自组织网络的应用领域

移动自组织网络的典型应用主要包括如下几个方面。

（1）无线传感网：无线传感网是实现物联网感知功能的一项重要支撑技术。通过在感知区域部署大量传感器，利用传感器内置的位置指示器、自组织收发器等设备将感知信息传送到基站，满足长时间、大规模的信息感知需求。

（2）移动会议：在室外环境中，工作团队的所有成员可以通过自组织方式组成一个临时网络来协同完成某项任务；在室内环境中，办公人员携带的配置有自组织收发器的 PDA，可以通过无线方式自动从台式机上下载电子邮件，更新工作日程表等。

（3）家庭网关：通过移动联网的方式可以把办公环境延伸到家庭，必要时在家庭办公；或者利用人们随身携带的智能手机与装备了自组织收发器的家用电器进行通信，实现远程控制等操作。

（4）紧急服务：当发生自然灾害、网络基础设施遭到破坏时，移动自组织网络可以帮助救援人员完成必要的通信工作。

（5）体域网：通过移动自组织网络把个人通信、娱乐、办公设备互连（这些设备不需要接入互联网，但在执行用户的某项活动时需要彼此通信）。在这种情况下，移动性不再是主要问题。

（6）军事领域：在现代化战场上，通信设备之间、士兵之间、士兵与通信设备之间需要保持紧密联系，以实现协调作战、统一指挥。据相关报道，在两次伊拉克战争中，移动自组织网络均得到有效利用。

（7）其他商业应用：例如，配备自组织收发设备的机场预约和登机系统可以自动与乘客携带的手机直接通信，完成登机牌自动换取手续；再如，商场内的商品通过射频标签与自组织设备进行动态刷新，顾客通过手持设备可以方便地查询某种商品及其价格等。

1.2　移动机会网络

本节从产生背景、概念、体系结构、典型应用四个方面对移动机会网络进行初步介绍。

1.2.1　移动机会网络产生背景

计算机、通信、微电子、传感器等技术的飞速发展推动了物联网技术的进步[6,7]。物联网通过将物理世界网络化、信息化，对传统分离的物理世界和信息空间进行互连与融合，代表未来网络的发展趋势[8]。近年来，物联网理论与技术引起了政府、学术界、工业界的广泛关注，已成为各国竞争的焦点和制高点。物联网的发展对我国国民经济的发展有重大影响,在我国食品溯源、卫生健康、平安家居、公共安全、环境监测、智能交通、智能电网、国防军事等领域有重大应用需求[9,10]。2009 年开始,我国把物联网上升为国家战略。

作为未来网络的核心基础设施,物联网的主要目标是实现物理世界和信息空间的互连与融合[11-14]。而随着各种便携式设备的迅速普及,市场上的平板电脑、智能手机、车载感知设备等终端集成了多种类型的传感器(光传感器、距离传感器、GPS、加速度传感器、地磁传感器和陀螺仪、麦克风、摄像头等),感知、计算和通信的能力越来越强。利用这些便携式设备组成的移动机会网络可以随时随地对人类经常活动的热点区域进行感知,满足物联网泛在互连与透彻感知的需求。这种机会互连的方式或以人为本的感知方式,对有意识主动部署传感网进行数据收集方式构成了重要的互补。与此同时,网络拓扑时变性、节点资源受限性等特点也使得传统的无线传感网络或移动自组织网络通信模式无法有效运行。例如,在传输感知数据之前,无线传感网络需要预先通过 CTP(collection tree protocol)[15]协议生成一棵以 Sink 为根节点的汇聚树;移动自组织网络则需要 AODV(mobile ad hoc on-demand distance vector)[16]、DSR(dynamic source routing)[17]等路由算法建立端到端的通信路径。这两种工作模式隐含的一个共同假设是网络拓扑在绝大部分时间是连通的,即对于任意一对节点,在它们之间至少存在一条完全连通的路径。而在移动机会网络中,网络拓扑有可能被分割成几个不连通的子区域,发送端和接收端有可能位于不同的子区域而导致常规的 CTP 等路由算法无法正常工作。实际上,节点对之间不存在端到端连通的路径并不意味着不能实现通信,由于节点的移动,两个节点可以在进入相互的通信范围后完成数据交换[18]。移动机会网络正是利用节点之间的这种机会式接触将感知数据从发送端逐跳地转发至接收端。

移动机会网络不要求网络全连通的特点,更符合实际环境下的自主组网需求,近年来成为国际国内学术界关注的热点[18,19]。国际学术界陆续在 IEEE 系列会议(INFOCOM、ICNP、PerCom 等)、ACM 系列会议(MobiCom、MobiHoc、UbiComp、MobiSys 等)发表了一些重要研究成果。2008 年 IEEE 开始组织移动机会网络研讨会(international workshop on mobile opportunistic networks)。ACM 也于 2012 年专门发起高性能移动机会系统研讨会(ACM workshop on high performance mobile opportunistic systems),交流相关领域研究成果。微软研究院[20,21]、欧洲电信[22]、美国卡内基梅隆大学[23]、普林斯顿大学[24]、南加州大学[25]、麻省理工学院[26]、英国剑桥大学[27]、加拿大的滑铁卢大学[28]、渥太华大学[29]、澳大利亚的悉尼大学[30]、新加坡国立大学[31]等纷纷启动了相应的科研计划。我国学者也非常重视该领域研究,中国科学院[32]、清华大学[33]、上海交通大学[34]、北京邮电大学[35]等较早开展该领域的探索和相关研究。

1.2.2　移动机会网络概念

目前关于移动机会网络还没有一个完整性的定义。本书结合相关文献以及作者的工作,给出一个描述性定义:移动机会网络是一种在间歇式连通的网络环境下,利用节点移动所带来的接触机会实现通信的分布式系统。图 1-3 显示了一个数据包从发送端至接收端的数据转发过程。发送端 S 和接收端 D 在 t_1 时刻分别位于两个不连通的子区域，在它们之间不存在一条完整的路径。因此 S 将数据包转发给节点 A，由于节点 A 同样没有到 D 的合适路径，节点 A 携带该数据包并等待合适的转发机会。在时刻 t_2，节点 A 进入节点 E 的通信范围，它将数据转发给 E；节点 E 在 t_3 时刻与接收端 D 相遇，完成数据移交。

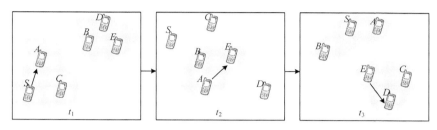

图 1-3　移动机会网络数据转发过程示意图

移动机会网络的部分概念来源于早期的间歇式连通网络（intermittently connected networks，ICN）[36]和延时容忍网络（delay-tolerant networks，DTN）[37]研究。间歇式连通网络是为了解决不连通区域之间的数据收集问题而提出的，通过部署往返于不连通区域之间的移动节点来完成数据收集任务。延时容忍网络的主要技术路线是采用存储-携带-转发的路由机理解决深空通信所带来的长延时、高误码率问题[38]。间歇式连通网络和延时容忍网络的相关研究共同构成机会组网的理论基础。

移动机会网络与移动自组织网络的主要区别在于移动机会网络主要工作于网络拓扑时断时续或局部连通的场景，采用的是边路由-边传输的转发机理；移动自组织网络中节点虽然是移动的，但一般来说，其网络拓扑整体上是稳定的，采用的是先路由-后传输的转发机理。

1.2.3　移动机会网络体系结构

为了支持在具有长时间的数据传输、间歇式的链路连通、机会式的节点接触等特征的不同子网之间实现互连和通信，移动机会网络在现有的 TCP/IP 协议栈的传输层与应用层之间插入了一个新的协议层——束层[39]，这里束的含义指的是多个数据包融合在一起所形成的数据协议单元。束层通过与特定网络类型下的底层协议进行配合，可以使得应用程序运行在不同的网络类型之上（如图 1-4 所示，这里的 T1/T2/T3、N1/N2/N3 分别代表不同的传输层、网络层协议）。在同一个网络内，束层使用该网络本身的协议进行通信；在不同的网络内，束层通过提供基于保管方式的重传、处理间歇式连通的能力、利用机会连接的能力，以及通过标识符后绑定等技术手段来实现跨域通信。

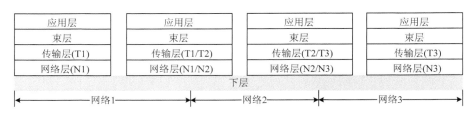

图 1-4　束层在 Internet 体系结构中的位置

1.2.4　移动机会网络典型应用

早期的移动机会网络应用主要关注于挑战环境下的通信需求，如野生动物追踪[40,41]以及乡村通信[42]等。近年来，随着各类便携式设备的快速普及，利用移动终端进行数据收集以及终端之间内容共享的需求越来越强烈，为机会组网提供了更加广阔的平台，典型应用如下。

（1）位置服务[23]。定位的准确性是各类位置服务成功与否的关键所在。考虑到单个手机定位易受环境噪声的干扰以及需要用户一直手持设备的局限性，卡内基梅隆大学的研究团队提出利用多部手机协作感知用户的周围环境信息（声音、图像等），基于手机自带的蓝牙功能自主组网，从不同角度对同一环境进行协作感知。用户之间通过共享各自感知的环境信息，降低环境噪声的影响，提高定位的准确性。同时也解放了用户，不需要一直手持设备进行位置识别。

（2）媒体服务[26]。在许多大规模的文体活动（现场演唱会、庆典、体育赛事等）中，用户所处位置对观看效果有较大影响，坐在后排或角落的人们由于视觉受限而影响观看质量。麻省理工学院移动与媒体实验室的研究团队提出了一种面向 3G 环境的多媒体共享架构 CoCam。CoCam 利用手机自带的摄像功能，坐在不同位置的用户通过分发、共享视频数据获得满意的视觉效果。

（3）数据卸载[43]。近年来，手机上网的网民数量已经超过计算机上网的网民数量。利用手机配置的蓝牙、WiFi 功能自主组网实现数据卸载，一方面可以缓解移动互联网产生的数据流量对 3G 骨干网络造成的压力，另一方面可以降低手机用户的上网费用[33]。Opp-Off 是由马里兰大学和德国电信公司共同开发的一套自组织网络系统。当用户经历网络拥塞而又需要从骨干网下载一些对延时不太敏感的应用程序（如音乐、视频或电子书等）时，用户将这些下载任务移交给那些网络连通性能好的节点来完成，然后节点之间组成移动机会网络交换、共享数据。

（4）智能交通[14]。利用用户携带的便携式设备，对路况信息进行收集、处理后反馈给用户，向用户提供相对舒适、环保的出行路线或建议。例如，文献[14]利用智能手机上携带的传感器来检测当前交通灯的颜色，与附近车辆内的感知设备一起组成一个临时的移动机会网络，通过共享信号灯信息来预测未来一段时间内信号灯的变化状态。基于对信号灯状态的预判，驾驶员动态调整开车速度，从而达到减少停车次数、降低燃油消耗的目的，同时也改善了交通状况。

（5）突发事件[25]。突发事件的随机性使得很难通过传统的固定部署感知网络的方式对其进行监控。南加州大学的研究团队提出了一种基于众包的突发事件侦测与跟踪系统——Medusa。当突发事件（如美国的"占领运动"）发生时，现场志愿者利用随身携带的手机对事件进行拍照或记录，然后通过一跳或多跳的方式将收集到的信息上传至服务器。

1.3　移动网络模型

1.3.1　发射节点的定位问题

发射节点的定位问题是所有移动模型的基础，因为网络中的每个节点在不同的时刻担任不同的角色，通过准确定位每个发射节点，进而可以定位网络中的所有节点。目前有三种比较经典的定位技术：灯塔定位技术、定向技术和抵达时差技术[44]。灯塔定位技术是在固定点放置大量的接收节点（灯塔），每个接收节点根据收到的信号强度判断它们与发射节点的相对距离。一般来说，收到最强信号的灯塔距离发射节点最近，因此该灯塔的位置可以用来估计发射节点的位置。灯塔定位技术的优点在于简单和低耗费，同时也不需要在各个接收节点同步时钟，缺点在于估计发射节点的位置不够准确。定向技术是根据接收节点收到信号的抵达角度（angle of arrival，AOA）来决定发射节点位置。明显地，根据两个接收节点收到信号的抵达角度，可以勾勒出两条到达发射节点的直线，则两条直线的交点就近似估计为发射节点的位置。因此，定向技术的关键问题是要准确判断信号的抵达角度，而这需要复杂的硬件设施支持，阻碍了定向技术大规模的应用，定向技术的优点在于它只需要两个接收节点就能判断发射节点的近似位置，并且精确性高于灯塔定位技术。定位技术的第三种方法是利用多对（发射节点、接收节点）信号抵达的时间差值（time difference of arrival，TDOA）。每一次TDOA 的测量产生一条可能存在发射节点的双曲线，则两条双曲线的交点就近似估计为发射节点的位置。TDOA 需要每个接收节点的时钟同步，根据三个节点的 TDOA 值，可以近似计算出发射节点的位置：

$$D_{ij} = c \times t_{ij} = \sqrt{(x_i - x)^2 + (y_i - y)^2} - \sqrt{(x_j - x)^2 + (y_j - y)^2}$$
$$D_{ik} = c \times t_{ik} = \sqrt{(x_i - x)^2 + (y_i - y)^2} - \sqrt{(x_k - x)^2 + (y_k - y)^2}$$

式中，D_{ij} 是接收节点 i, j 到发射节点距离的差值；t_{ij} 是发射节点的信号抵达接收节点 i, j 的时间差值；c 是光速；（x_i, y_i）是接收节点 i 的位置；（x, y）是发射节点的位置。通过上述公式，可以求得两个未知量 x 和 y 的值。该值为发射节点的一个近似值，可以求出几组解，最后求得一个较优的平均值来表示发射节点的位置。

1.3.2 随机点线移动模型

文献[45]提出了一种随机的自组织网络移动模型。基于这种模型，节点在二维平面内的移动由一系列长度为随机值的移动间隔 T_n^i 组成，在每个移动间隔中，节点以固定的速度 V_n^i 沿固定方向 θ_n^i 移动，每个移动间隔的移动距离为 $T_n^i \times V_n^i$，其中 T_n^i、θ_n^i 服从不同的分布，移动间隔个数是一个离散的随机过程。

每个节点在移动过程中需要满足下面的条件。

（1）移动间隔的长度满足独立同分布的指数分布，均值为 $1/\lambda_n$。

（2）移动方向满足 $[0, 2\pi]$ 的均匀分布。

（3）移动速率满足均值为 μ_n、方差为 σ_n 的独立同分布的正态分布。

同时，上述三个参数之间没有必然的联系。移动模型与节点链路失败之间相互独立。文献[45]同时说明两个节点之间的相互移动速率近似满足瑞利分布，移动方向满足 $[0, 2\pi]$ 的均匀分布。

1.3.3 参考点组移动模型

文献[46]提出了一种参考点组移动模型，在这种模型中，节点在仿真的开始阶段被划分为不同的组，每个组有一个逻辑中心，逻辑中心的运动状态决定组成员的运动状态。每个节点拥有一个指向所在组的参考点，该参考点随着组的运动而运动。单个节点的运动由两个矢量决定：组运动矢量和单个节点的参考点运动矢量，这两个矢量决定了单个节点的网络运动矢量。组的运动由一系列预先指定的检测点组成，组的中心节点必须遍历这些检测点。自然地，通过改变相应的检测点，可以构造不同的仿真场景。组的运动模式由随机点线移动模型决定。每当组到达某个目的地的时候，组内的所有节点停留一段时间，然后重复上述过程，向下一个目的地移动。

1.3.4 曼哈顿网格移动模型

曼哈顿网格移动模型是由仿真类似市区场景而提出来的。市区一般由相互垂直的街道交织而成。因此，节点在该场景下的移动只能按照水平或垂直方向运动，不能沿斜线运动，这一点与上述的两种移动模型是不同的。单个节点在某条街道随机选择一个参考点朝目的地以预先定义好的速率运动，到达目的地的时候，随机停留一段时间，然后朝下一个目的地重复进行上述运动，详细的描述请参考文献[47]。

1.3.5 社区移动模型

社区移动模型[48]假定节点在平时的活动中自发形成一个聚焦区，如图 1-5 所示。初始时 $N-1$ 个移动节点随机部署在一个面积为 S 的格子内，每个节点随机选取一个格子（非中央区域的任意一个格子）作为它的私人聚集区域。在格子的中央存在一个公共聚集区域（可以部署一个静态节点充当接入点 AP）。当节点在私人聚集区域时，它访问公共聚集区域的概率为 p，其他区域的概率为 $1-p$。当节点不在私人聚集区域时，它返回自己所在的私人聚集区域的概率为 q，其他区域的概率为 $1-q$。

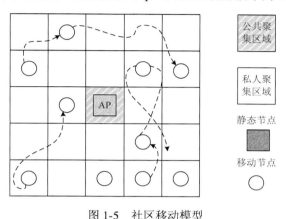

图 1-5 社区移动模型

1.4 移动网络连通度

连通度是移动网络的根本属性。保持网络连通对于提高网络的吞吐量至关重要。移动网络连通与否也是区分自组织网络与机会网络的关键特征之一。当前对于移动网络连通度的研究，主要以小世界现象、图论和连续统渗透理论作为理论基础，以移动节点服从泊松分布为前提条件，以 N 维空间为研究背景，考察节点在什么样的传输范围下或节点的最小平均度在什么范围内，整个网络拓扑是 k 连通的[49]。这里，假设网络的拓扑结构为一无向图 $G(V, E)$，其中 V 是节点的集合，E 是边的集合 $(v_i, v_j), v_i, v_j \in V$。如果对于图中任意两个顶点 v_i, v_j，在它们之间至少存在一条路径，则称 G 是连通图，如果存在 k 条路径，则称 G 是 k 连通的。一般地，当节点通信半径满足 $r \geq c_1 \sqrt{(\ln n + c_2) / \pi n}$，或节点度 d 满足 $d \geq c_1 \log_2 n$ 时，网络拓扑是连通的，目前在理论方面存在的开放区域是当 $N \geq 2$、$k \geq 2$ 时，关键的 r, d 难以界定。

上述两种研究方法的侧重点刚好相反，在临界传输范围问题中，每个节点的 r 是固定的，d 是变化的；而在最小平均度问题中，每个节点的 r 是变化的，d 是固定的。这种差异性的根本原因在于网络的移动特性，正是这种移动特性，使得局部节点密度发生变化。

1.4.1 临界传输范围

研究连通度的重要问题之一是临界传输范围（critical transmission range，CTR）问题，即假定节点都是同构的，传输范围相同，则网络保持 k 连通的最小传输范围是多少。

文献[50]首先研究了无线网络保持近似连通的临界传输范围问题。在一个面积为 1 的圆形区域内，当 $c(n) \to +\infty$ 并且 $r = \sqrt{(\ln n + c(n))/\pi n}$ 时，网络拓扑近似 1 连通。文献[50]是在静态拓扑结构下考虑问题的，没有分析不同的移动模型对 CTR 的影响，也没有分析在静态拓扑结构下保持 k 连通问题。

文献[51]研究了在特定的移动模型下，移动网络保持 1 连通的 CTR，得出当 $r = c\sqrt{(\ln n)/\pi n}$ 时，移动网络近似保持 1 连通，并且得出在随机点线移动模型下保持 1 连通的 r 的表达式为：$(p + 0.521405/v)/\left(p\sqrt{(\ln n)/\pi n}\right)$，这里 p 表示停留时间，v 表示移动速率。与文献[50]一样，文献[51]也没有研究 k 连通问题。

文献[52]研究了稀疏网络下的 k 连通问题，并且得出当 $r \times n \in \Theta(1\log_2 1)$ 时，在 1 维空间内是连通的，当 $r \times n \in O(1)$ 时，在 1 维空间内是不连通的。这里的 1 指 1 维空间内的区间长度。在 2 维和 3 维空间内，当 $k \geq k_n$ 并且 $r = r(1) \gg 1$ 时，网络近似为 1 连通的，这里 $k_n = 2^n n^n/2$，$n = 2, 3$。文献[52]没有研究在 n 维空间内的 k 连通问题，也没有研究移动模型对稀疏网络 k 连通的影响。

1.4.2　节点平均度

研究连通度问题的另一个重要切入点是考察节点的平均度与连通度之间的关系。Bettstetter 假定节点服从均匀分布，研究了随机点线移动模型下保持 1 连通的节点平均度问题[53]。文献[54]研究了节点之间的相互干扰对移动网络连通度的影响，并且得出了保持 k 连通的节点平均度的一个上限值：$1 + 1/(\beta\gamma)$。这里 γ 反比于系统的增益，β 为信噪比。文献[55]利用格子模型和占位理论研究了不同发射功率下节点的平均度与连通度的关系，得出当 $d = 0.074\log_2 n$ 时，网络近似为不连通的，当 $d = 5.1774\log_2 n$ 时，网络近似为 1 连通的。此外，文献[56]研究了节点平均度和路由跳数的关系。

1.5　移动网络数据集

基于在实验时是否用到 GPS 设备，目前的移动网络数据集可以分为两类：携带 GPS 信息的数据集和未携带 GPS 信息的数据集。

1.5.1　携带 GPS 信息的数据集

KAIST、NCSU、New York、Orlando 以及 State fair [57]属于携带 GPS 信息的数据集，它们由北卡罗来纳州立大学的 Rhee 教授所领导的团队历时两年收集完成。这些数据集被广泛应用于移动网络的多个研究领域。文献[58]对这些数据集中节点之间的接触时长以及间隔时长进行分析，发现它们近似遵循截尾的帕累托分布。文献[59]、[60]基于上述数据集分别对缓冲区管理以及定位问题进行研究。

每个数据集包含多条移动轨迹，每条移动轨迹由一系列的三元组（x, y, t）组成，表示一个个的停留点 P_{xy}^t，其中 x, y 表示位置坐标，t 记录用户到达该位置的时刻。表 1-1 总结了这五类数据集的主要特征。

表 1-1 数据集的统计信息

数据集	轨迹个数	开始时间	结束时间
KAIST	92	2006-09-26	2007-10-03
NCSU	35	2006-08-26	2006-11-16
New York	39	2006-10-23	2008-04-18
Orlando	41	2006-11-19	2008-01-09
State fair	19	2006-10-24	2007-10-21

1.5.2 未携带 GPS 信息的数据集

Cambridge、Intel 和 INFOCOM 数据集利用 iMote 设备记录了用户基于蓝牙的直接接触情况[27]。其中 Cambridge 数据集记录了剑桥大学系统研究组的 19 名学生的活动情况；Intel 数据集来源于剑桥大学网络研究实验室的 16 名员工在 2005 年 1 月 6 日至 11 日 6 天时间内的接触情况（其中 1 台 iMote 设备作为静态节点放置在厨房内）；INFOCOM 数据集则对参加 2005 年 INFOCOM 国际会议学生讨论组的 50 名学生的接触情况进行统计，采集了其中 41 名学生的活动信息，另外 9 名学生信息由于设备故障等被丢弃。表 1-2 对上述数据集进行总结。

表 1-2 基于蓝牙的三类数据集的统计信息

数据集	Cambridge	Intel	INFOCOM
轨迹个数	19	17	41
采集时长/d	7	6	4
采集粒度/s	120	120	120
接触次数	6733	2766	28216

1.6 移动网络仿真工具

1.6.1 网络仿真平台 NS-2/3

NS-2/3（network simulator version 2/3）[61]最初由一系列实时网络仿真器组成，并且在过去的多年中不断加以改进，目前最新版本是 NS-3。在 NS 的开发过程中，刚开始的时候得到了美国国防部远景规划署所资助的 VINT（virtual inter-network testbed）项目的支持，该项目包括 LBL、Xerox PARC、UCB 以及 USC/ISI 等公司的参与。目前 NS 的开发由美国国防部远景规划署的 SAMAN 项目支持，同时包括来自于美国国家自然科学基金的 CONSER 项目、卡内基梅隆大学的 Monarch 项目和 Sun Microsystems 的贡献和支持。

NS 采用离散事件驱动的模拟机理，其中"事件"是指网络状态的变化，即只有网络状态发生变化时，模拟器才开始工作，网络状态不发生变化时，模拟器不执行任何计算。因此，与时间驱动的仿真工具相比，采用离散事件驱动的 NS 计算效率较高。在网络研究中，NS 可以满足对有线局域网、无线局域网、移动网络、星际网络中 TCP 协议优化、路由选择、多播等进行仿真分析。NS 还提供了工作于 UNIX（包括 SunOS、Solaris、FreeBSD 及 Linux）和 Windows 操作系统的两个版本。同时，NS 使用 C++语言编写完成，OTcl（Tcl 脚本的面向对象扩展，由麻省理工学院开发）脚本语言作为网络模拟任务提交的解释器语言，满足开发人员的二次集成。

图 1-6 显示了 NS 的整个仿真流程。从用户角度来看，NS 是一个包含事件调度器、网络组件对象库和网络设置模型库的面向对象的 OTcl 脚本解释器，即在 NS 中，用户使用 OTcl 脚本语言编写仿真程序。为了设置和运行一个网络仿真程序，用户需要编写 OTcl 脚本来初始化一个事件调度器，使用网络组件对象（network component objects）建立一个网络拓扑，并且利用网络连接模型将创建的各个网络对象连接起来，声明网络流的开始时间与结束时间，通过事件调度器发送数据包。在 NS 中事件调度器通过调用合适的网络组件发布当前时刻需要调度的事件，并且使这些事件与事件指向的数据包产生联动。所有的网络组件都需要花费一些时间处理数据包（如延迟）。这些网络组件使用事件调度器发布事件，同时，在进行下一步处理数据包的动作之前，等待发送给自身的事件。

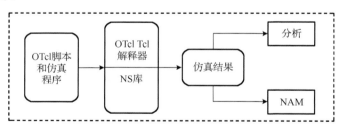

图 1-6　NS 仿真流程

当仿真结束时，NS 产生一个或多个输出文件。这些输出文件中包含输入的 OTcl 脚本中所要求的详细仿真数据。这些数据可以用于仿真分析或者作为图形仿真显示工具 NAM（network animator）的输入文件，该工具可以动态地显示数据包的吞吐量和每条链路的丢包率等重要指标。

NS 的总体框架图如图 1-7 所示，普通用户（非 NS 的开发人员）处在左下角的位置，使用 OTcl 库中的仿真对象设计和运行用 OTcl 语言编写的仿真程序。事件调度器和大多数网络组件使用 C++进行开发，并且通过 OTcl 链接进行调用。从这个角度来说，可以将 NS 看成一个具有网络仿真库的面向对象的 Tcl 解释器。

图 1-7 NS 架构

1.6.2 网络仿真平台 ONE

ONE 是由赫尔辛基理工大学 Ott 教授所领导的团队开发的一款基于 Java 语言的开源移动机会网络模拟器[62]。它采用离散事件驱动，结合面向对象程序设计的特点，模拟实际网络环境。通过模拟引擎将移动模型与机会路由算法融合为一体，整个实验过程以图形化的方式进行显示，便于研究人员观察、分析各种路由协议的运行机理，整个架构如图 1-8 所示。

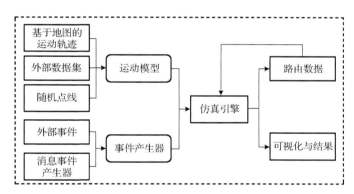

图 1-8 ONE 模拟器架构

ONE 模拟器提供了多种开发接口，方便用户进行功能扩展。同时，由于其缺少对物理层和链路层的支持，实验结果反映的只是理想状态下的情况，无法真实有效地评估信号衰退等因素对算法性能的影响。

下面对几款与 ONE 模拟器相关的实用工具进行介绍。

CRAWDAD: http://crawdad.cs.dartmouth.edu/。该网站提供了大量的真实场景下收集的实验数据。

OpenJUMP: http://openjump.org/。该工具可以将获取的 map 数据转换成 WKT 格式以方便模拟。

Graphviz: http://www.graphviz.org/。该工具可以对节点之间的连接情况进行显示。

OpenStreetMap: http://www.openstreetmap.org/。该工具可以将真实场景下的道路数据导出，便于构建网络拓扑。

1.7　移动机会网络研究内容

作为一种新兴的网络形态，移动机会网络在基础研究与实际应用中面临着在许多传统网络中不曾遇到的挑战。

1.7.1　移动机会网络中的建模问题

对移动机会网络中节点的移动行为进行建模是移动机会网络众多实际应用的理论基础。当前的研究工作主要遵循下面两条技术路线：①基于数据集进行实际观察；②基于随机移动模型进行理论分析。

1.7.2　移动机会网络中的路由问题

相对于拓扑稳定的网络环境，在移动机会网络中路由与数据转发面临着更大的挑战。为了在拓扑间歇式连通的环境下实现通信，目前机会路由采用"存储-携带-转发"的工作模式。在这种工作模式下，当节点收到来自上一跳节点转发的数据后，节点携带该数据并等待下一跳转发机会的到来。针对需要转发的数据，如何选择合适的转发时机以及下一跳节点是目前机会路由研究的关键问题。

1.7.3　移动机会网络网内信息处理

移动机会网络中节点需要缓存转发给其他节点的数据包以提高投递性能，对节点的缓存能力提出了更高的要求。另外，在许多移动机会网络应用中，相对于原始感知数据，用户对一些统计类数据（如某个场所当前温湿度等信息）可能更感兴趣，这就要求在数据转发的过程中，针对原始数据进行聚合，在满足用户需求的同时有效降低网络流量，节约系统资源。

1.8　本　章　小　结

设备之间的直接互连是未来大规模 D2D（device to device）通信的基本要求之一。本章首先对移动自组织网络与移动机会网络这两类网络的产生背景、概念、特点、应用领域进行介绍；在此基础上，从移动模型、网络连通度、数据集及仿真工具四个方面系统地介绍了网络性能分析时所涉及的基础知识，最后对移动机会网络当前的研究热点问题进行展望。

参 考 文 献

[1]　Ramanathan R, Redi J. A brief overview of mobile ad hoc networks: challenges and directions. IEEE Communications Magazine, 2002, 40(5): 20-23.

[2] 袁培燕. 能量受限的 Ad hoc 网络路由协议的仿真与研究. 硕士学位论文. 武汉: 武汉理工大学, 2007.

[3] Corson S, Macker J. Mobile ad hoc networking (MANET): routing protocol performance issues and evaluation considerations. RFC2501, 1999.

[4] 袁培燕, 李腊元. 基于能量受限的 Ad hoc 网络路由协议评价与仿真. 武汉理工大学学报(交通科学与工程版), 2006, 30(4): 611-614.

[5] Prakash R. Unidirectional links prove costly in wireless ad hoc networks//DIMACS Workshop on Mobile Networks and Computers, 1999.

[6] Atzori L, Iera A, Morabito G. The Internet of things: a survey. Computer Networks, 2010, 54(15): 2787-2805.

[7] 刘云浩. 从普适计算、CPS 到物联网: 下一代互联网的视界. 中国计算机学会通讯, 2009, 5(12): 66-69.

[8] Ma H. Internet of things: objectives and scientific challenges. Journal of Computer Science and Technology, 2011, 26 (6): 919-924.

[9] 邬贺铨. 物联网的应用与挑战综述. 重庆邮电大学学报(自然科学版), 2010, 22(5): 526-531.

[10] 刘强, 崔莉, 陈海明. 物联网关键技术与应用. 计算机科学, 2010, 37(6): 1-4.

[11] 刘云浩. 群智感知计算. 中国计算机学会通讯, 2012, 8(10): 1-4.

[12] Yang Z, Wu C, Liu Y. Locating in fingerprint space: wireless indoor localization with little human intervention//Proceedings of the 18th Annual International Conference on Mobile Computing and Networking, Istanbul, 2012.

[13] 袁培燕. 移动机会网络中路由选择与性能评估研究. 博士学位论文. 北京: 北京邮电大学, 2014.

[14] Koukoumidis E, Peh L, Martonosi M. SignalGuru: leveraging mobile phones for collaborative traffic signal schedule advisory//The 9th International Conference on Mobile Systems, Applications and Services, Washington DC, 2011.

[15] Gnawali O, Fonseca R, Jamieson K, et al. Collection tree protocol. The 7th ACM Conference on Embedded Networked Sensor Systems, Berkeley, 2009.

[16] Perkins C, Belding-Royer E, Das S. Ad hoc on-demand distance vector (AODV) routing. RFC3561, 2003.

[17] Johnson D, Maltz D, Broch J. DSR: the Dynamic Source Routing Protocol for Multihop Wireless Ad Hoc Networks. New Jersey: Addison-Wesley, 2001.

[18] 熊永平, 孙利民, 牛建伟, 等. 机会网络. 软件学报, 2009, 20(1): 124-137.

[19] Conti M, Kumar M. Opportunities in opportunistic computing. Computer, 2010, 43(1): 42-50.

[20] Liao Y, Tan K, Zhang Z, et al. Estimation based erasure-coding routing in delay tolerant networks//The 2nd International Wireless Communications and Mobile Computing Conference, Vancouver, 2006.

[21] Karagiannis T, Boudec J, Vojnovic M. Power law and exponential decay of inter contact times between mobile devices//The 13th Annual ACM International Conference on Mobile Computing and

Networking, Quebec, 2007.

[22] Shikfa A, Onen M, Molva R. Privacy and confidentiality in context-based and epidemic forwarding. Computer Communications, 2010, 33(13): 1493-1504.

[23] Cheng H, Sun F, Buthpitiya S, et al. SensOrchestra: collaborative sensing for symbolic location recognition. Mobile Computing, Applications, and Services, 2012, 76: 195-210.

[24] Koukoumidis E, Peh L, Martonosi M. RegReS: adaptively maintaining a target density of regional services in opportunistic vehicular networks//The 9th IEEE International Conference on Pervasive Computing and Communication, Seattle, 2011.

[25] Ra M, Liu B, Porta T, et al. Medusa: a programming framework for crowd-sensing applications//The 10th International Conference on Mobile Systems, Applications and Services, Lake District, 2012.

[26] Toledano E, Sawaday D, Lippman A, et al. CoCam: a collaborative content sharing framework based on opportunistic P2P networking//The 10th Annual IEEE Consumer Communications & Networking Conference, Las Vegas, 2013.

[27] Chaintreau A, Hui P, Crowcroft J, et al. Impact of human mobility on the design of opportunistic forwarding algorithms//The 25th IEEE International Conference on Computer Communications, Barcelona, 2006.

[28] Jones E, Li L, Schmidtke J, et al. Practical routing in delay-tolerant networks. IEEE Transactions on Mobile Computing, 2007, 6(8): 943-959.

[29] Rose F, Ruiz P, Stojmenovic I. Acknowledgment-based broadcast protocol for reliable and efficient data dissemination in vehicular ad-hoc networks. IEEE Transactions on Mobile Computing, 2012, 11(1): 33-46.

[30] Ma Y, Jamalipour A. A cooperative cache-based content delivery framework for intermittently connected mobile ad hoc networks. IEEE Transactions on Wireless Communications, 2010, 9(1): 366-373.

[31] Natarajan A, Motani M, Srinivasan V. Understanding urban interactions from bluetooth phone contact traces. Lecture Notes in Computer Science, 2007: 115-124.

[32] Wang S, Liu M, Cheng X, et al. Routing in pocket switched networks. IEEE Wireless Communications, 2012, 19(2): 67-73.

[33] Zhuo X, Li Q, Gao W, et al. Contact duration aware data replication in delay tolerant networks//The 9th IEEE International Conference on Network Protocols, Vancouver, 2011.

[34] Zhu H, Lin X, Lu R. An opportunistic batch bundle authentication scheme for energy constrained DTNs//The 29th IEEE Conference on Computer Communications, San Diego, 2010.

[35] Yuan P, Ma H, Mao X. The dissemination speed of correlated messages in opportunistic networks// The 16th IEEE Symposium on Computers and Communications, Kerkyra, 2011.

[36] Zhao W, Ammar M, Zegura E. A message ferrying approach for data delivery in sparse mobile ad hoc networks//The 5th ACM International Symposium on Mobile Ad Hoc Networking and Computing,

Tokyo, 2004.

[37]　Fall K. A delay-tolerant network architecture for challenged internets//The Annual Conference of the Special Interest Group on Data Communication, Karlsruhe, 2003.

[38]　Ivancic W, Eddy W, Stewart D, et al. Experience with delay-tolerant networking from orbit//The 4th Advanced Satellite Mobile Systems Conference, Bologna, 2008.

[39]　Scott K, Burleigh S. Bundle protocol specification. Work in Progress Internet Draft, 2007.

[40]　Small T, Haas Z. The shared wireless infostation model-a new ad hoc networking paradigm//The 4th ACM International Symposium on Mobile Ad Hoc Networking and Computing, Annapolis, 2003.

[41]　Haas Z, Small T. A new networking model for biological applications of ad hoc sensor networks. IEEE/ACM Transactions on Networking, 2006, 14(1): 27-40.

[42]　Pentland A, Fletcher R, Hasson A. DakNet: rethinking connectivity in developing nations. Computer, 2004, 37(1): 78-83.

[43]　Han B, Pan H, Kumar A. Mobile data offloading through opportunistic communications and social participation. IEEE Transactions on Mobile Computing, 2012, 11(5): 821-834.

[44]　Krizmant K, Biedkatt T, Rappaportt T. Wireless position location: fundamentals, implementation strategies, and sources of error//The 47th IEEE Vehicular Technology Conference, Phoenix, 1997.

[45]　McDonald A. A mobility-based framework for adaptive clustering in wireless ad-hoc networks. IEEE Journal on Selected Areas in Communications, 1999, 17(8): 1466-1487.

[46]　Hong X, Gerla M, Pei G, et al. A group mobility model for ad hoc wireless networks//The 2nd International Conference on Modeling, Analysis and Simulation of Wireless and Mobile Systems, Seattle, 1999.

[47]　ETSI, SMG. Universal mobile telecommunications system (UMTS). Selection Procedures for the Choice of Radio Transmission Technologies of the UMTS (TS30.03 v3.2.0), 1998.

[48]　Lindgren A, Doria A, Schelen O. Probabilistic routing in intermittently connected networks. Lecture Notes in Computer Science, 2004, 3126: 239-254.

[49]　袁培燕, 李腊元. Ad Hoc 网络连通度的研究. 计算机工程与应用, 2008, 44(2): 177-179.

[50]　Gupta P, Kumar P. Critical power for asymptotic connectivity in wireless networks//Stochastic Analysis, Control, Optimization and Applications, 1999.

[51]　Santi P. The critical transmitting range for connectivity in mobile ad hoc networks. IEEE Transactions on Mobile Computing, 2005, 4(3): 310-317.

[52]　Santi P, Blough D. The critical transmitting range for connectivity in sparse wireless ad hoc networks. IEEE Transactions on Mobile Computing, 2003, 2(1): 25-39.

[53]　Bettstetter C. On the minimum node degree and connectivity of a wireless multihop network//The 8th Annual International Conference on Mobile Computing and Networking, Atlanta, 2002.

[54]　Dousse O, Baccelli F, Thiran P. Impact of interferences on connectivity in ad-hoc networks//The 22nd IEEE Conference on Computer Communications, San Francisco, 2003.

[55] Xue F, Kumar P. The number of neighbors needed for connectivity of wireless networks. Wireless Networks, 2004, 10(2): 169-181.

[56] Hekmat R, van Mieghem P. Degree distribution and hopcount in wireless ad-hoc networks//The 11th IEEE International Conference on Networks, Sydney, 2003.

[57] Lee K, Hong S, Kim S. SLAW: a mobility model for human walks//The 28th Conference on Computer Communications, Rio de Janeiro, 2009.

[58] Rhee I, Shin M, Hong S, et al. On the levy-walk nature of human mobility//The 27th IEEE International Conference on Computer Communications, Phoenix, 2008.

[59] Kaveevivitchai S, Esaki H. Independent DTNs message deletion mechanism for multi-copy routing scheme//The 6th Asian Internet Engineering Conference, Amari Watergate Bangkok, 2010.

[60] Rallapalli S, Qiu L, Zhang Y, et al. Exploiting temporal stability and low-rank structure for localization in mobile networks//The 16th Annual International Conference on Mobile Computing and Networking, Chicago, 2010.

[61] The network simulator-ns-2. http: //www.isi.edu/nsnam/ns/.

[62] Keränen A, Ott J, Kärkkäinen T. The ONE simulator for DTN protocol evaluation//The 2nd International Conference on Simulation Tools and Techniques for Communications, Networks and Systems, SimuTools, Rome, 2009.

第 2 章　移动自组织网络中的路由协议

目前移动自组织网络工作组已经提出了一些协议草案及标准[1]，如 DSR、AODV、OLSR 等。此外，研究人员还发表了许多关于自组织网络路由协议的学术论文，如 DSDV、WRP、STARA 等。这些移动自组织网络路由协议基于不同的角度可以进行不同的分类和比较[2]。一般来说，移动自组织网络路由协议可分为先验式路由和反应式路由两种类型[3,4]。

2.1　先验式路由

先验式路由的路由发现策略与传统路由协议类似，节点需要通过周期性地广播路由信息报文，主动交换路由信息，进行路由发现。同时，节点必须尽可能地维护通往网内所有节点的路由信息。先验式路由的优点是当节点需要发送数据包时，只要有通向目的节点的路由，就可以立即发送，不需要重新发现路由，降低了时延。先验式路由的缺点是存储与通信开销较大，需要路由更新能够尽可能地紧随当前拓扑结构的变化。然而，动态变化的拓扑结构有可能造成更新的路由信息过时，从而使得路由协议始终处于不收敛状态[5]。

在自组织网络路由协议研究初期，主要思路是修改有线网络的路由协议以适应自组织网络环境。这些路由协议大多属于先验式路由。在下面的各种先验式路由协议的过程描述中，重点强调如何对传统路由协议进行改进以适应自组织网络环境。

2.1.1　DSDV

DSDV[6]（destination-sequenced distance-vector）是对 Bellman-Ford 算法的一种改进，它采用了序列号机制用于区分路由的新旧程度，防止可能产生的路由回路。在 DSDV 中，每个移动节点都需要维护一张路由表。路由表表项包含目的节点、跳数和目的地序列号，其中目的地序列号由目的节点分配，主要用于判别路由是否过时，并防止路由回路的产生。每个节点周期性地与邻居节点交换路由信息，并且根据路由表的改变来触发路由更新。路由表更新有两种方式：一种是全部更新（fulldump），即拓扑更新消息中包括整个路由表，主要应用于网络变化较快的情况；另一种是增量更新（incremental update），更新消息中仅包含变化的路由项，通常适用于网络变化较慢的情况。DSDV 只使用序列号最高的路由，如果两个路由具有相同的序列号，那么将选择最优的路由（如跳数最短）。它的缺点是不支持单向信道，在网络拓扑变化较快的环境中性能较差。

2.1.2　FSR

　　FSR[7]（fisheye state routing）是先验式链路状态路由协议，其目的是通过鱼眼效应（近处物体清晰，远处物体模糊）减少控制信息。它对传统的链路状态算法进行如下修改。

　　（1）将链路状态的更新信息限制在邻居节点之间。

　　（2）链路状态信息的交换由时间触发，而不是由事件触发。

　　（3）对于路由表中的不同记录，采用不同的时间间隔交换链路状态信息。对于较近的节点，采用较短的时间间隔交换链路状态信息，对于较远的节点，采用较长的时间间隔交换链路状态信息。通过这些措施减少了控制报文的传播范围，提高了路由协议的性能。但是，随着节点移动性的增加，到达较远节点的路由信息精确度有所下降。

2.1.3　WRP

　　WRP[8]（wireless routing protocol）是在路径发现算法（path finding algorithm，PFA）的基础上改进的。PFA 与距离矢量算法不同，它利用通往目的节点的路径长度和相应路径的倒数第二跳节点信息加速路由协议收敛速度，避免距离矢量算法中路由回路问题。WRP对 PFA 的改进之处在于当节点 i 监测到与邻居节点 j 的链路发生变化时，i 会检查所有邻居节点关于倒数第二跳节点信息的一致性，而 PFA 只会检查节点 j 关于倒数第二跳节点信息的一致性。这种方式可以进一步减少出现路由回路的次数，加快算法的收敛速度。

2.1.4　STARA

　　STARA[9]（system and traffic dependent adaptive routing algorithm）协议采用最短路径算法计算路径，但"最短"路由度量采用了平均延时时间，而不是常用的跳数，也就是说 STARA 在进行路由分组时，考虑了无线链路的容量和排队延时等因素。每个节点采用改进的端到端确认协议为每一对源和目的节点计算平均延时，然后将经过的数据流量按不同比例分配给不同的邻居节点，达到所有可用的路径具有相同延时的目的。需要指出的是，这种估测机制并不需要双向信道和节点间的时钟同步支持。

2.1.5　OLSR

　　OLSR[10]（optimized link state routing）是一种优化的链路状态路由协议，目前已经在 Linux 操作系统上实现，源代码可以从相应的网站（http://hipercom.inria.fr/olsr）得到。与其他路由表驱动的先验式路由协议一样，OLSR 需要节点之间频繁地交换网络拓扑信息。被选为多点中继（multi-point-relay，MPR）的节点需要周期性地向网络广播控制信息，控制信息中包含那些把它们选为中继点的节点的信息，以告诉网络中其他节点，它们与这些节点直接相连。只有中继节点被用于路由节点，非中继节点不参与路由计算。OLSR 还利用 MPR 节点有效地控制广播信息，非中继节点不需要转发控制信息。不过，这样做的后果可能导致中继节点负载过重。

2.2　反应式路由

与先验式路由策略不同，反应式路由认为在动态变化的自组织网络环境中，没有必要维护通往其他所有节点的路由。它仅在路由表中没有通往目的节点路由的时候才"被动地"进行路由发现。因此，拓扑结构和路由表内容是反应式建立的，它可能仅是整个网络拓扑结构信息的一部分。它的优点是不需要周期性地广播路由信息，节省了一定的网络资源。缺点是当发送数据包时，如果没有通往目的节点的路由，那么数据包需要等待因路由发现所额外导致的延时。

反应式路由协议通常由路由发现和路由维护两个阶段组成。当源节点发现没有通往目的节点的路由时，触发路由发现过程。它一般由路由请求报文和路由回复报文组成。当网络拓扑结构发生变化时，通过路由维护过程删除失效路由，并重新发起路由请求过程。路由维护通常依靠底层提供的链路失效检测机制进行触发。

2.2.1　AODV

AODV（ad hoc on demand distance vector）是一种按需路由协议，基于传统的距离向量路由机制，思路简单，易于编程实现，结合了 DSDV 和 DSR 的优点。通过使用目的序列号有效地防止了路由回路的发生，解决了传统的基于距离向量路由协议存在的无限计数问题。它支持中间主机回答，能使源主机快速获得路由，还支持多址通信。AODV 协议由两部分组成：路由请求和路由维护。此外，AODV 的另一个显著特点是它加入了对组播路由和网络服务质量的支持。它的缺点是不支持单向信道，原因是AODV 协议基于双向信道工作，路由回答报文直接沿着路由请求的反方向回到源节点。

（1）路由请求阶段：当某个源节点 s 希望建立通向某个目的节点 d 的路径时，源节点发起一个路由发现过程，它广播路由请求分组（RREQ）给它的邻居节点，如图 2-1(a)所示，RREQ 再被这些邻近节点转发，直到 RREQ 到达目的节点或一个拥有到达目的节点的足够新鲜路径的中间节点。在转发 RREQ 的时候，中间节点修改它们的路由表，将目的字段修改为 RREQ 的初始发起者，将到达 RREQ 的初始发起者的下一跳修改为第一个转发给它们 RREQ 复制的邻居节点的地址，通过这样的方式来建立一条由 d 到 s 的反向路径。一旦 RREQ 到达了目的节点或拥有一条通向目的节点足够新的路径的中间节点，则目的节点/中间节点通过建立的反向路径单播一个路由响应分组（RREP）给转发给它 RREQ 复制的邻居节点，如图 2-1(b)所示。在 RREP 通过反向路径传送给源节点的过程中，这条路径上的节点修改它们各自的路由表，将路由表的目的字段修改为 RREP 的初始发起者，将到达 RREP 的初始发起者的下一跳修改为转发给它们 RREP 复制的邻居节点的地址，通过这样的方式在它们的路由表中建立起通向目的节点的正向路径。这样就形成了 s 到 d 的一条正向路径和 d 到 s 的一条反向路径。

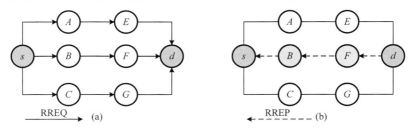

图 2-1　AODV 路由建立阶段

（2）路由维护阶段：AODV 通过周期性广播 hello 报文来监视链路状态，若节点在使用某个链路时发现该链路断开，则节点将在 DELETE_PERIOD 之后从路由表中删除包含该断开链路的路由，并发送"路由出错"报文（RRER）通知那些因链路断开而不可达的节点将对应路由从路由表中删除，沿途转发 RRER 的节点也删除自己路由表中的对应路由。如果断链处的上游节点与目的节点之间的距离小于 MAX_REPAIR_TTL 跳，则该节点启用生存时间比较小的 RREQ 广播来修复路由，即采用局部修复机制降低延迟，否则由源节点发起 RREQ 进行修复。

2.2.2　DSR

DSR（dynamic source routing）协议是最早采用反应式路由思想的自组织网络协议。它同样包括路由发现和路由维护两个过程，协议操作与 AODV 的过程基本一样。它的主要特点是使用了源路由机制进行分组转发。这种机制最初是 IEEE802.5 协议用于在网桥互连的多个令牌环网中寻找路由。DSR 协议借鉴了这种机制，并加入了反应式思想而形成。

DSR 的优点是中间节点不需要维护通往全网所有节点的路由信息，而且可以避免出现路由回路。它的缺点是每个数据包都携带了路径信息，使得协议开销较大，而且也不适合网络直径较大的移动自组织网络，可扩展性不强。

2.2.3　TORA

TORA[11]（temporally-ordered routing algorithm）协议是在有向无环图 DAG（directed acyclic graphic）的基础上提出的一种反应式路由协议。它包含路由发现、路由维护和路由消除三个部分。TORA 的路由发现与其他反应式路由协议一样，首先在网络中扩散路由请求分组。但在路由回答过程中，借鉴了 DAG 算法。其主要思路为：将每个节点分配一个相对于源节点的"高度值"，其中目的节点的"高度值"最低，并根据相邻节点之间的"高度值"的比较，从而形成一条或多条有向路径，方向是从"高度值"大的节点指向小的节点。从图论的角度来看，即为一棵根为目的节点的有向无环图。算法的具体实现是在路由应答分组（在 TORA 协议中正式名称为更新分组）发送至源节点的过程中逐步完成的。为了在拓扑结构发生变化时，能够迅速重新生成路由、控制新产生的协议分组的扩散范围，TORA 协议仍然采用上述算法重新构造失效的 DAG。

TORA 协议的缺点主要包括三个方面：一是协议的有效运行依赖于网络的高连通性所带来的多条备用路由；二是 TORA 协议需要依靠 IMEP[12]（internet MANET encapsulation protocol）提供的可靠有序传输等功能，CMU Monarch 小组的仿真结果表明 TORA 协议开销比其他反应式路由协议要大，主要原因就在于其使用了 IMEP；三是它同样不支持单向信道。

2.2.4 LAR

LAR[13]（location aided routing）协议是一个基于预测节点当前位置的反应式路由协议。它的目标是利用位置信息提高路由请求效率，限制路由请求过程中受影响的节点数目。

LAR 假设节点采用 GPS 获得位置信息，且每个节点都知道其他节点的平均运动速度。路由请求时，源节点根据目的节点历史位置和移动速度指定一个地理区域作为请求范围，并将此信息保存在路由请求分组中。LAR 只允许位于请求范围内的中间节点进行路由请求分组的转发操作，从而降低了路由负载。当路由请求失效时，源节点扩大请求范围，重新发起路由请求报文。LAR 的缺点是它必须依靠 GPS 才能正常工作，限制了其应用范围。

2.2.5 SSR

SSR[14]（signal stability-based adaptive routing）是基于信号强度的反应式自适应路由协议。该协议旨在选择连接性最强的路由。SSR 由两个相互合作的协议构成：动态路由协议（dynamic routing protocol，DRP）和静态路由协议（static routing protocol，SRP）。DRP 负责维护信号稳定度表和路由表。信号稳定度表记录邻节点的信号强度，信号强度通过接收链路层发出的周期性信标获得。在路由选择时，将信号强度作为选择依据，从而得到稳定性最好的路由。SSR 同样不支持单向链路。

2.3 两种路由协议类型的比较

先验式路由协议基于路由表更新机制，其更新间隔对路由性能的影响很大，间隔时间太长，协议将不能快速反映拓扑结构的变化；间隔时间过短，则网络可能因充满路由表更新消息而陷入阻塞。当网络中活跃的数据流数目较大时，该类协议效率更高，因为浪费的路由开销相对减少，反之则利用率较低。需要指出的是，先验式路由协议中每一节点到达其他任何节点的路由总是就绪的（不管它是否确实需要），尽管这种特性适合于传递诸如 UDP 之类的无连接信息流，但这必将导致持续的路由信息广播，加重网络负载以及能量消耗，考虑到带宽和电量都是移动设备宝贵的紧缺资源，当网络规模和移动性增加（超过一定的阈值）时，大部分先验式路由算法将不可行，因为仅用于保持与拓扑变化一致而需要传送的路由更新消息就将消耗大部分的网络容量和节点处理能力。

与此相反，反应式路由协议并不需要维护尚未使用的路由，而且其路由请求应答分组长度通常小于预选方案中用于路由表更新的分组长度，因此所产生的额外路由控制信息就少于先验式协议。但由于在开始传输数据之前必须先建立路由，所以会产生一定的路由延时，而这恰好是先验式路由协议的一大优点。

总体来说，尽管上述两种协议都有不尽如人意的地方，但相比起来，反应式路由协议更适合于移动自组织网络。

除了上述分类方法之外，常用的分类方法还包括单一型混合型路由协议（如ZRP[15,16]）、平面型层次型路由协议（ZHLS[17]与 CBRP[18]等）、需要 GPS 与不需要 GPS支持的路由协议（LAR、FORP[19]与 DV-MP[20]）、单路径多路径路由协议（SMR[21]与AODV-BR[22]）等。

2.4　移动自组织网络中的能量路由策略

移动自组织网络节点能量受限的路由算法一直是研究热点，IETF 的 MANET 小组提出的几种经典的路由协议，都属于最短路由，即最小跳数路由，没有考虑节点的能量因素。但是自组织网络中的节点大部分是便携式设备，由尺寸受限的电池供电，整个网络是一个能量受限系统，如何节省节点的能量，尽可能延长网络的可操控时间逐渐成为衡量路由算法性能优劣的重要指标。尤其是在紧急营救、军事行动、商务会议等情况下显得颇为重要。从能量的角度来看，最短路由并不一定是最佳路由。相反，用一些短跳来代替相对较长的跳，可能是更好的节能选择[23]。

目前，自组织网络中的节能路由算法主要遵循以下两个思路[24]：第一个是使发送每个数据包耗费的能量最小；第二个就是尽可能地延长网络的存活时间。前者通过发现最小发射功率的路由，使发送每个数据包所耗费的能量最小，从而达到节省能量的目的。但是它还是保留了原先路由算法中的一个问题：在选定了一条路由后，会一直使用，直到数据发完或是网络拓扑发生改变触动路由更新。这样，与最小跳数路由协议一样，容易使某些关键节点因为过度使用而能量耗尽，导致网络过早分裂。第二个思路的路由算法就是针对这个问题提出的，通过保护剩余能量小的节点来达到推迟网络分裂、延长网络存活时间的目的。

2.4.1　最小能量路由策略

原先的路由算法都是基于最小跳数。但是根据无线信道的传播模型，跳数最小的路由并不一定是最节能的路由。最小能量路由算法就是通过发现最小发射功率的路由，使发送每个数据包所耗费的能量最小，达到节省能量的目的。

1）DPC

DPC[25]（distributed power control）算法在每个数据报文头部增加一个域，标记节点的发射功率 P_{tx}。相邻节点在接收到数据包时，估算出接收到该数据包的功率 P_{rx}。DPC 根据 P_{tx} 和 P_{rx} 的值，计算链路的损耗。选路的时候，该损耗作为链路代价。为了更及时地反映链路的损耗，DPC 还可以把功率信息附加在所有数据包上。同时，DPC、表驱动或反应式路由可以结合使用（只需要在每个报文中加入发射功率域，用跳数和链路损耗作为代价函数即可）。这样做的代价是增加了路由的控制信息和每个数据报的延时。

2）MEPPG

MEPPG[26]（minimum-energy path-preserving graph）提出了一种构造最小能量消耗子图的算法思想。在 MEPPG 中，对每一个子图 G_l 中的任意一对节点 u,v 之间存在的所有路径中，不存在长度为 l 的路径，这样的路径消耗能量比 u,v 之间直接通信所消耗的能量少，则所有这样的子图的交集构成 MEPPG。

$$G_{min} = \bigcap_{l=2}^{n-1} G_l \tag{2-1}$$

3）PARO

PARO[27]（power-aware routing optimization）是一种功率感知的路由算法。在 PARO 中，每个节点持续地监听邻居节点的数据包，估算自身到邻居节点所需的最小发射功率。如果一个节点监听到一条链路上两个终端节点的数据包，则该节点进行比较，检查是这两个节点直接通信所需的发射功率小，还是把自己作为中间节点，进行两跳通信所需的发射功率之和小。如果是后者，则该节点向这条链路的两个端点主动发出转发请求，要求更新两个终端节点的路由表，将自己作为中继节点。为了防止多个中继同时发出请求，每个请求会根据其节能的程度延后一定的时间。从仿真的结果看，PARO 要比固定发射功率的路由算法节能 1/3 以上。在节点移动不太快的情况下，同时保持较高的投递率。

2.4.2　延长网络存活时间策略

1）DSR-ERP

DSR-ERP[28]（DSR-based energy-aware routing protocols）是针对 DSR 的一种改进算法。它包括两种策略：RDRP（request-delay routing protocol）和 MMRP（max-min routing protocol）。两种策略都是通过对 DSR 路由请求广播的控制，达到保护低能量水平节点的目的。在 RDRP 中，通过一个和能量相关的延时函数，使能量小的节点在收到路由请求后，等待较长的延时后才发出。这样，该路由请求就有较大的可能被其他节点丢弃。通过这种方式，RDRP 路由绕过了那些能量偏低的节点。MMRP 在路由请求中加入一个标记节点能量水平的域。每个节点在收到路由请求后，在其中加入自己的 ID 和当前的能量水平后广播出去，目的节点在收到第一个请求后，设置一个计时器，等待其他路由请求到达，然后综合考虑能量和跳数，选择一条合理的路由。RDRP 是改动最小的能量路由算法。但是其性能要略差于 MMRP。研究表明，基于 RDRP 和 MMRP 的网络存活时间都要比 DSR 长很多，而且在存活期内总的通信量要比 DSR 大得多。但是，RDRP 和 MMRP 的延时较长。

2）EA-AODV

EA-AODV[29]（energy aware ad hoc on demand distance vector）根据节点剩余的能量水平分成正常、警告、危险三个等级，每个等级对应一个相应的权值，整条路由的代价就是路由上所有节点的能量权值的和。当活跃路由中的某一节点的剩余能量降到警告级别时，该节点向源节点发送一个警告信息，提醒源节点重新发起路由洪泛。为了更大程度地节省能量，EA-AODV 对无线接口控制部分进行改进：在节点没有待发数据包或该节点目前没有参与任何路由时，关闭其无线接口。在 EA-AODV 中，能量策略在路由和控制层面同时展开，有效地延长了节点的存活时间。其节能的效果明显优于 DSR-ERP，但实现要比 DSR-ERP 复杂一些。同时在路由发现过程中，负载较重、延时较长。

3）MEMNLMR

文献[30]中提出了一种在保持节点最小剩余能量的同时使得所有非叶子节点发射功率最小的多播路由算法。其目的是找到一棵多播树使得在所有节点中的最小剩余能量不小于最优状态的 β（$0 < \beta < 1$）倍时，整个多播树的发射功率消耗最小，从而使得网络的存活时间最长。研究结果表明，当网络是对称网络时，提出的一种近似优化算法比原来算法的效率提高了 $4\ln k$ 倍，当网络是非对称网络时，效率为 $o(k^c)$，这里 k 是目的节点的个数。

2.4.3　基于拓扑控制的能量策略

这种策略的重点放在了对移动自组织网络拓扑结构的控制上。基本思路是先调整每个节点的发射功率，得到节能有效的网络拓扑，然后在其上运行原有的路由协议，通过这种方式达到节能的目的。

1）COMPOW

COMPOW[31]（common power）协议是其中的一个代表。它可以和任何表驱动的路由算法结合使用。考虑到目前的无线网卡一般都只有有限的几个发射功率档，没有必要精确估计每条链路的发射功率。针对这一特点，COMPOW 结合无线网卡的每档发射功率进行路由洪泛，并且对应每个功率建立一个路由表，然后选择能维持和最大发射功率时一样多的表项。基于该操作，将所能降低到的最小发射功率档作为最优的发射功率。选定功率后，这个发射功率的路由表就被使用。在 COMPOW 中，每个节点的发射功率是统一的，该功率是维持整个网络连通的最小功率。研究表明，使用统一的优化功率，仅比每个节点的功率都保持最优时，在网络性能上相差一个系数 $1/\lg n$（n 为节点数）。此外，COMPOW 中统一的发射功率可以避免单向链路的问题。

2）最小能耗的移动无线网络协议[23]

该协议围绕转接区域进行设计。根据转接区域的定义，落在转接区域内的节点，通过一个中继节点转接数据包要比直接接收数据包节省能量。协议中，节点首先为自己的每个邻居节点计算转接区域。那些落在其他转接区域的节点将不再作为邻节点。然后节点调整自己的发射功率，选择能够覆盖那些没有落在转接区域的邻节点的发射功率，作为自己当前的发射功率。通过调整每个节点的发射功率，形成具有最小能量性质的拓扑树。协议的目的就是在这样的一个网络拓扑上，执行现有的路由算法，同时实现节能的目的。

2.5 移动自组织网络中的 QoS 路由策略

自组织网络中的 QoS 路由协议是用于查找满足 QoS 要求的路径，移动自组织网络的动态拓扑结构以及带宽受限等特点，使其实施 QoS 路由非常困难。常规方法是通过在具体的路由协议中增加 QoS 参数对路由进行约束，进而根据网络的可用资源来决定传输路径，从而实现 QoS 控制。下面介绍几种典型的移动自组织网络的 QoS 路由协议。

2.5.1 CEDAR

文献[32]给出了一种称为核心提取的分布式自组织路由（core-extraction distributed ad hoc routing，CEDAR）算法。其基本思想是选取网络中若干节点构成核心集，在这些节点间进行链路状态信息交换，并由这些核心节点按需实现 QoS 路由的计算。CEDAR 主要包含三部分：网络核心的建立与维护、链路状态信息在核心中的传播以及 QoS 路由的发现和维护。查找网络核心是 NP-Complete 的，CEDAR 给出了一个启发式算法，其基本思想是非核心节点总是选择具有最大有效度的相邻核心节点作为其支撑节点。

CEDAR 将链路状态信息分为两种，即链路带宽增加的信息（increase wave）和链路带宽减少的信息（decrease wave），前者以较慢的速度在核心中传播，后者以较快的速度在核心中传播，从而使核心节点得到本地链路的最新信息以及相对稳定且具有较大带宽的非本地链路信息。

源节点和目的节点之间 QoS 路由的实现方式是先建立源节点的支撑节点到目的

节点的支撑节点的路由,即核心路由,再沿这条核心路由建立源节点到目的节点的 QoS 路由。CEDAR 的主要优点是将链路状态信息更新和 QoS 路由计算限制在网络核心,从而减小 QoS 路由协议的开销。其缺点主要是需要实现较复杂的网络核心的识别和维护算法。

2.5.2　TBP

文献[33]给出了一种称为基于标签探测(ticket-based probing,TBP)的分布式 QoS 路由协议,它假设网络中的每个节点均保存有输出链路状态和节点到网络中其他节点的端到端的路径状态的最新信息,这些信息由适合于移动自组织网络的距离矢量协议(如 DSDV)进行周期性的更新。基于这一假设,TBP 建立 QoS 路由的过程如下。

源节点根据业务流的 QoS 要求发放一定数量的标签,这些标签由探测报文携带,探测报文由源节点向目的节点转发,当中间节点收到探测报文后,根据输出链路的状态信息和相邻节点到目的节点的端到端的路径状态信息决定是否分离收到的探测报文、每个探测报文应携带的标签数量以及应该将探测报文(包括分裂的)转发到哪些相邻节点。如果有探测报文最终到达目的节点,则找到一条源节点到目的节点的满足 QoS 的路径,由目的节点沿该路径的相反方向发送资源预留包,实现资源预留。如果源节点在规定的时间内未收到来自目的节点的资源预留包,则表明建立 QoS 路由的尝试失败,由源节点根据需要进行重试或放弃。

TBP 的主要优点是不需要完全准确的链路状态信息,同时通过有限数量的标签和在转发路由请求报文时的逐跳选择(非广播方式)来减少开销。但其代价是降低了找到满足 QoS 要求的路径的概率(与广播方式相比)。同时,它需要对状态信息进行周期性的更新,带宽开销较大。

除了上述路由协议之外,文献[34]提出了一种基于 TDMA 的带宽保证的路由协议,文献[35]提出了一种基于 TDMA/CDMA 的带宽保证路由协议。此外,还有一些基于 GPS 的移动预测 QoS 路由协议等,这类协议增加了硬件的复杂机制和路由算法实现的复杂程度,有违于移动自组织网络快速、方便部署的特性,在这里不再详述。

2.6　仿　真　模　型

我们提出的仿真模型如图 2-2 所示,该仿真模型的基础是目前广泛使用的仿真实验平台 NS。在此基础上,扩展了一个新的模块——计算模块,并详细分析了移动模块和能量模块对协议性能的影响。如图 2-2 所示,该仿真模型由计算模块、移动模块、能量模块和协议模块组成[36]。各模块的具体分析如下。

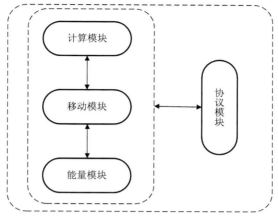

图 2-2　仿真模型

2.6.1　能量模块

　　能量模块由能量模型和无线传输模型组成，如图 2-3 所示。能量模型负责计算节点的能耗，而无线传输模型处理信号的衰减程度以及决定信号能否正确接收。在仿真中，如果信噪比（到达包的信号强度相对于冲突包的信号强度的最小比率）大于规定的门限值，则接收到达的分组，否则丢弃。

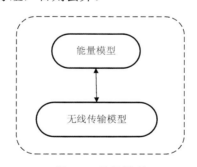

图 2-3　能量模型

　　在实验中，采用了如下的能量消耗计算公式：

$$\text{Energy} = \text{Power} \times \text{time}$$

即当一个节点发送或接收一个包时，所消耗的能量是由该节点发送或接收的功率和处理该包所需的时间决定的。这里，计算处理一个包的时间公式为

$$\text{Time} = 8 \times \text{Packetsize} / \text{Bandwidth}$$

因此，有

$$E_{\text{tx}} = P_{\text{tx}} \times 8 \times \text{Packetsize} / \text{Bandwidth}, \quad E_{\text{rx}} = P_{\text{rx}} \times 8 \times \text{Packetsize} / \text{Bandwidth}$$

式中，P_{tx} 和 P_{rx} 分别代表发送和接收时需要的功率。

需要强调的一点是：从路由层面上看，节点转发一个包的情况相当于在该节点处一个包在被接收之后再被转发出去，因此对于转发一个包所消耗的能量计算为

$$E_f = E_{tx} + E_{rx}$$

此外，由于接收功率与发射功率不完全相同，在实验中基于接收和发射时的实际能量消耗，一般选择 $P_{rx} : P_{tx} = 0.8 : 1$。

下面对无线传输模型进行介绍。目前 NS 中支持三种无线模型：自由空间传播模型、二项地面反射模型以及阴影模型。

自由空间传播模型是一种理想的传输条件，它假定发射方和接收方之间的空间是均匀无限大、各项同性且电导率为零。Friis 提出用下面的公式计算接收到的信号功率（d 是发射方与接收方之间的距离）[37]：

$$P_r(d) = \frac{P_t G_t G_r \lambda^2}{(4\pi)^2 d^2 L} \tag{2-2}$$

式中，P_t 是发射方的信号功率；G_t 和 G_r 是发射方和接收方各自天线的增益；$L(L \geq 1)$ 是系统的损失参数；λ 是信号波长。在模拟中通常使 $G_t = G_r = L = 1$。

自由空间传播模型基本上认为发射方的通信距离为一个理想的圆形。如果接收方在该圆的半径之内，则它接收所有收到的分组，否则丢弃所有收到的分组。实际上，两个移动节点之间的单向线型传播的情况是很少见的，二项地面反射模型认为信号是经过大气到地面、地面到大气二次反射到达接收方。文献[38]中显示该模型在远距离传输中比自由空间模型更加精确。在 d 处收到的信号的功率可表示为

$$P_r(d) = \frac{P_t G_t G_r (h_t)^2 (h_r)^2}{d^4 L} \tag{2-3}$$

式中，h_t 和 h_r 是发射方天线和接收方天线各自的高度，其他参数与式（2-2）保持一致。

式（2-3）显示当通信距离增加时，信号功率的衰减要比式（2-2）快。然而，在短距离传输时，由于建筑物和其他障碍物体引起的振动，采用二项地面反射模型的效果并不好。在短距离通信时仍使用自由空间模型。这里用 d_c 表示这样的一个界定距离：当 $d < d_c$ 时，使用式（2-2）；当 $d > d_c$ 时，使用式（2-3）。令两式相等，可以得到 d_c 的值为：$d_c = (4\pi h_t h_r) / \lambda$。

上述两种模型都假定接收到的信号功率为距离的函数。因此，它们的通信距离都可以表示为理想状态中的圆形。实际上，由于多路径传播的影响，在某个距离接收到的功率是一个随机变量，这种影响称为衰退效应。实际上，上述两种模型预测了在距离 d 处功率的平均值，而在实际中应用更加广泛的是下面的阴影模型。

阴影模型包括两部分：第一部分是我们熟悉的传播损耗模型，它同样能够预测出在距离 d 处接收到的功率的平均值，用 $P_r(d)$ 表示。它使用了一个接近中心的距离 d_0 作为参考，$P_r(d)$ 和 $P_r(d_0)$ 的相互关系可表示为

$$P_r(d_0) / P_r(d) = (d / d_0)^{\beta} \tag{2-4}$$

β 通常由实验测得，称为传播损耗指数。由式（2-4）可知，当 $\beta = 2$ 时，式（2-4）退化为自由空间模型。表 2-1 给出了 β 的一些典型参数。较大的值表示随着通信距离的增加，障碍物增多使得接收到的功率衰退程度加快。$P_r(d_0)$ 可以由式（2-4）得出。

表 2-1　β 的一些典型参数

实验环境		β
室外	无遮挡	2
	有遮挡	2.7～5
室内	可见光	1.6～1.8
	障碍物	4～6

传播损耗通常采用 dB 作为标准。由式（2-4）可得

$$[P_r(d) / P_r(d_0)]_{dB} = -10\beta \log_2(d / d_0) \tag{2-5}$$

阴影模型的第二部分反映了接收到的功率在某处的波动。如果用 dB 测量，则它服从高斯分布，是一个对数正态随机变量。因此，总的阴影模型可表示为

$$[P_r(d) / P_r(d_0)]_{dB} = -10\beta \log_2(d / d_0) + X_{dB} \tag{2-6}$$

式中，X_{dB} 是一个服从高斯分布的随机变量，均值为 0，方差为 σdB。σdB 由测量获得，如表 2-2 所示。式（2-6）称为对数正态阴影模型。

阴影模型对理想的圆形模型进行扩展，变成了一个富有统计学的模型，当节点在通信范围的边界时，是否能够通信只能是一个随机事件。

移动模块详见 1.3 节。

表 2-2　σdB 的一些典型参数

实验环境	σdB
室外	4～12
办公室　硬分割	7
办公室　软分割	9.6
工厂　可见光	3～6
工厂　障碍物	6.8

2.6.2　计算模块

计算模块由度量标准和程序处理两个子模块组成，如图 2-4 所示。其中度量标准子模块包括评价路由协议性能的各种度量，具体包括吞吐量、延时、抖动、丢包率、路由负载、寻路时间、连通度等。吞吐量指应用层接收到的数据报文的数量，

单位为 Kb 或 Mb，它与延时、丢包率、包投递率等是测量路由性能的重要指标，主要考察路由协议的效用。包投递率是指源节点发送的数据包中目的节点正确接收到的数据包所占的比率。包投递率的大小说明了一种协议的可靠程度。路由负载主要是指网络层控制报文的数量，它与数据报文的比率，即协议的效率，是考察协议的可扩展性与协议利用率的重要指标。一个"好"的路由协议应当利用较少的控制报文传输尽可能多的数据报文。抖动反映了协议传输数据的稳定性，对于视频流业务尤为重要。寻路时间主要是指路由协议成功发现一条通往目的节点的路径所花费的时间。

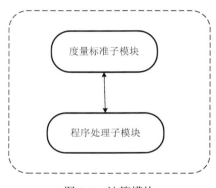

图 2-4　　计算模块

包投递率、延时和抖动等 QoS 因子是衡量路由协议性能的重要因素。QoS 因子显示了协议的外部效率，路由负载体现了协议的内部效率。吞吐量和路由负载联合体现了一种协议的可扩展性和效率。此外，一般情况下，上述度量不是相互独立的，如较高的包投递率通常伴随着较高的吞吐量。而网络拓扑结构的连通性对于上述指标也有着显著的影响，如较差的连通性必然导致较高的丢包率、较重的路由负载以及较长的寻路时间（在 2.7 节将对网络的连通性进行分析）。

程序处理子模块主要以流水线的方式负责仿真脚本的运行以及度量标准的计算。这里强调用流水线的方式来进行处理，是因为在对自组织网络路由协议进行仿真时，由于节点的初始位置对路由协议的性能有直接的影响（因为初始位置直接决定了网络拓扑结构的初始连通性）。在进行仿真实验时，节点的位置一般由一些通用工具随机生成，一次随机场景的测试并不能反映出真实的情况，这次随机产生的场景可能很独特而不能反映普遍的效果，所以为了公平地评价各种路由协议，一般需要大量的随机场景进行测试，最后通过取平均值来刻画各种协议的性能，而每次都需要对仿真生成的文件进行相关度量的计算，可见，这种计算量很大，为了提高工作效率，需要将这种重复性的劳动交给计算机来解决。因此，引入程序处理子模块十分重要。图 2-5 给出了我们在实际进行实验时的一段程序处理子模块的相关伪代码。

```
for(i=1; i<= number of runs; i++)
{ //生成运行场景
setdest
//产生数据流
ns cbrgen.tcl
//运行程序脚本
ns xxx.tcl
//相关度量计算
qos.shell
}
gnuplot or xgraph
```

图 2-5　流水线处理

2.6.3　四种模块之间的联系

由图 2-2 可知，协议模块受其他三种模块所约束，能量模块决定仿真环境的信道和无信传输模型以及节点能量的消耗，移动模块负责节点在整个仿真过程中的节点的位置分布，而计算模块以流水线的方式处理脚本程序、业务流的产生以及相关度量的计算。能量模块和移动模块直接影响各种度量的具体值。例如，由于节点能量的不断消耗，网络拓扑的连通性会随着仿真的进行而进一步降低，节点的位置则直接决定网络的连通度。这种相互之间的关系是一个关于时间的函数 $R(t)$。而连通度的变化则影响着其他度量的变化。同时，由于节点的位置也是一个关于时间的函数 $L(t)$，节点在某个时刻 t，可以处于发送、接收、睡眠侦听或死亡中的某个状态，而这种状态的不同，直接影响节点能耗的不同，节点随着能量的不断消耗，逐渐趋于死亡状态，而节点一旦处于死亡状态，网络的连通性随之下降。由此可见，上述四大模块是一个有机整体，在进行协议仿真时，综合考虑各种因子对协议性能的影响，使得实验尽可能地在一个相对比较公平的环境中进行，这一点在进行移动自组织网络路由协议仿真时显得尤为重要。

2.7　移动自组织网络连通性分析

基于上面提到的仿真模型，下面对移动自组织网络中代表性的路由协议进行性能分析。实验中以 NS-2 作为仿真平台，实验所需的网络拓扑由 NS-2 的 setdest 工具生成，节点的运行速率和初始位置均随机设置，在整个仿真时间内模拟出各节点的随机运行场景。整个实验场景的区域为 1000m×1000m，仿真时间为 300s，节点运行的最大速率为 40m/s。节点间的数据流由 cbrgen 工具随机设置，分别随机产生 6 对、12 对、24 对、30 对和 60 对 udp 流，每个 CBR 包的大小为 512B，每秒发送一个包，网络带宽为 2M，节点的发射半径为 250m。我们一共使用了三种仿真场景：第一种仿真场景的节点停留时间为 0s，节点个数分别为 50 和 100（改变场景的节点密度）；第二种仿真场景的节点个数为 50，停留时间分别为 100s、200s；第三种仿真场景下，节点个数为 50，停留时间为 0s，最大移动速率分别为 10m/s、30m/s。实验结果为 10 次实验产生数据的平均值。实验中使用的无线信道模型是二项地面反射模型。在 MAC 层使用 IEEE 802.11 的 DCF（distributed coordination function）。此外，我们假定无线接收装置的抗干扰性能较强。如果信噪比大于规定的门限值，则接收到达的分组，否则丢弃[39]。

2.7.1　节点密度对连通度的影响

网络连通度由 $\left(p + 0.521405 / v\right) / \left(p\sqrt{(\ln n) / \pi n}\right)$ 确定，这里 p 表示停留时间，v 表示移动速度，n 为网络中没有终止的节点个数（详见 1.4.1 节）。表 2-3 和表 2-4 分别显示了四种协议在节点个数等于 50 和 100、不同仿真阶段下的连通度情况。

表 2-3　不同仿真阶段下的连通度（n 初始为 50）

	0	50	100	150	200	250	300
AODV	1	1	0.6583	0.6147	0.5829	0.5486	0.5119
DSDV	1	1	0.8006	0.5991	0.5119	0.4930	0.4751
DSR	1	0.6147	0.5305	0.4930	0.4930	0.4930	0.4930
TORA	1	0.8108	0.5486	0.5486	0.4751	0.4751	0.4622

表 2-4　不同仿真阶段下的连通度（n 初始为 100）

	0	50	100	150	200	250	300
AODV	1	0.6373	0.5355	0.4716	0.4596	0.4472	0.4472
DSDV	1	1	0.5155	0.4472	0.4209	0.4070	0.4070
DSR	1	0.4831	0.4209	0.3645	0.3645	0.3645	0.3645
TORA	1	0.4831	0.4343	0.3927	0.3927	0.3645	0.3645

从表 2-3 和表 2-4 中可以看出，AODV 的连通性最好，在实验的中后阶段，网络的连通性仍能保持在 0.5 左右。DSR 与 TORA 的连通性则最差，在实验的中后阶段，网络连通性下降至 0.36 左右，DSDV 的连通性介于它们之间。这主要是由于 DSR 采用源路由传输数据，耗能较多，节点终止个数也较多，网络的连通性下降较快；另外，TORA 使用反向链路的机制，当节点与邻居节点之间的链路发生中断时，中断节点把自己的序号设为邻居节点序号中的最大值，这样路由就会向水流一样绕过中断节点，使得路由跳数增加，从而增加能耗，影响网络的连通性。

2.7.2　停留时间 p_t 对连通度的影响

表 2-5 和表 2-6 显示了节点个数为 50 时，每种协议在不同停留时间下的连通度情况。可以看出，随着实验的进行，四种协议表现出共同的趋势：连通性下降；当停留

时间加大时，对于同一种协议，网络的连通性得到改善，不同协议之间，DSDV 受停留时间的影响较大，而三种按需协议则较小。这主要是由于随着节点停留时间的增加，网络拓扑由动态逐渐过渡为静态，拓扑结构趋于稳定，DSDV 在静态拓扑结构下能够发挥出自身路由机制的优势，而在动态的拓扑结构中则抖动较大。

表 2-5　不同停留时间下的连通度（n 初始为 50, $p=100$）

	0	50	100	150	200	250	300
AODV	1	1	0.7687	0.6147	0.5486	0.5486	0.5486
DSDV	1	1	0.8209	0.5829	0.5305	0.5305	0.5119
DSR	1	1	0.7462	0.5486	0.5305	0.5119	0.4751
TORA	1	0.9458	0.6147	0.5486	0.5305	0.4751	0.4751

表 2-6　不同仿真阶段下的连通度（n 初始为 50, $p=200$）

	0	50	100	150	200	250	300
AODV	1	1	0.7462	0.6719	0.6443	0.5486	0.5486
DSDV	1	1	0.7462	0.5661	0.5305	0.5305	0.5305
DSR	1	1	0.7462	0.7227	0.6719	0.4930	0.4930
TORA	1	0.7795	0.6297	0.5991	0.5486	0.5486	0.4930

2.7.3　节点移动速率对连通度的影响

表 2-7～表 2-10 显示了上述协议在不同移动速率下连通度的变化情况。与节点密度和停留时间下的结论几乎完全不同，从四个表中可以看到，移动速率对连通性的影响较小，在表中表现为同类协议在不同速率下连通度之间的差值很小。仔细分析四个表之间的数据，我们发现一个有趣的现象，以速率为 30m/s 为界限，表中的数据总体上呈现出两种不同的趋势。在 30m/s 以前，增加速率则连通度呈下降趋势，而超过 30m/s 时，则呈明显的上升趋势。因此，对移动自组织网络路由协议进行性能评价时，尤其是评价它们对网络连通度的影响时，节点的移动速率是一个无法回避的重要因素。

表 2-7　AODV 在不同速率下的连通度（n 初始为 50, $p=0$）

AODV	10	20	30	40
0	1	1	1	1
50	1	1	0.9696	0.9925
100	0.6443	0.6980	0.6583	0.6583
150	0.6297	0.6980	0.6443	0.6147
200	0.6147	0.6980	0.5661	0.5829
250	0.5991	0.6852	0.5661	0.5486
300	0.5661	0.6852	0.5661	0.5119

表 2-8 DSDV 在不同速率下的连通度（n 初始为 50, $p=0$）

DSDV	10	20	30	40
0	1	1	1	1
50	1	1	1	1
100	0.7576	0.8006	0.8404	0.9773
150	0.5991	0.6980	0.5991	0.7227
200	0.5486	0.6443	0.5661	0.6980
250	0.5305	0.5829	0.5486	0.6980
300	0.5119	0.5829	0.5305	0.6980

表 2-9 DSR 在不同速率下的连通度（n 初始为 50, $p=0$）

DSR	10	20	30	40
0	1	1	1	1
50	1	0.7795	0.7105	1
100	0.6147	0.6297	0.5486	0.6852
150	0.5661	0.5991	0.5486	0.6852
200	0.5661	0.5991	0.4930	0.6852
250	0.5486	0.5661	0.4930	0.6583
300	0.5119	0.5661	0.4930	0.6583

表 2-10 TORA 在不同速率下的连通度（n 初始为 50, $p=0$）

TORA	10	20	30	40
0	1	1	1	1
50	0.6297	0.7227	0.6852	0.9458
100	0.5991	0.6583	0.5661	0.7227
150	0.5991	0.5661	0.5661	0.6852
200	0.5661	0.5305	0.5305	0.6719
250	0.5305	0.5119	0.4751	0.6583
300	0.5119	0.5119	0.4622	0.6583

2.8 本 章 小 结

对移动自组织网络各种路由协议进行仿真评估，分析它们在不同约束条件下不同度量的相对性能，是了解与学习路由协议性能的主要手段。本章在对移动自组织网络路由协议进行分类介绍的基础上，提出了一种移动自组织网络路由协议的仿真模型，详细分析了该模型各个子模块的功能及相互之间的联系，为研究移动自组织网络路由协议提供了一个参考，尤其是计算模块的提出，丰富了现有的仿真平台，对于进一步研究移动自组织网络具有一定的积极意义。

参 考 文 献

[1] Macker J, Chakeres I. Mobile ad-hoc networks (MANET) charter. http: //www.ietf.org/html.charters/ manet-charter.html.

[2] Das S, Castaneda R, Yan J, et al. Comparative performance evaluation of routing protocols for mobile ad hoc networks//The 7th International Conference on Computer Communications and Networks, Lafayette, 1998.

[3] Royer E, Toh C K. A review of current routing protocols for ad hoc mobile wireless networks. IEEE Personal Communications, 1999, 6(2): 46-55.

[4] 周伯生, 吴介一, 张飒兵. MANET 路由协议研究进展.计算机研究与发展, 2002, 39(10): 1168-1177.

[5] 史美林, 英春.Ad hoc 网路由协议综述. 通信学报, 2001, 22(11): 93-96.

[6] Perkins C, Bhagwat P. Highly dynamic destination-sequenced distance-vector routing (DSDV) for mobile computer//The Annual Conference of the Special Interest Group on Data Communication, London, 1994.

[7] Pei G, Gerla M, Chen T W. Fisheye state routing: a routing scheme for ad hoc wireless networks//The IEEE International Conference on Communications, New Orleans, 2000.

[8] Murthy S, Garcia-Luna-Aceves J. An efficient routing protocol for wireless networks. Mobile Networks and Applications, 1996, 1(2): 183-197.

[9] Gupta P, Kumar P. A system and traffic dependent adaptive routing algorithm for ad hoc networks//The 36th Conference on Decision and Control, San Diego, 1997.

[10] Clausen T, Jacquet P, Laouiti A, et al. Optimized link state routing protocol for ad hoc networks// The IEEE International Multi Topic Conference, Lahore, 2001.

[11] Park V, Corson M. Temporally-ordered routing algorithm (TORA) version 1 functional specification. Internet Engineering Task Force, 2004.

[12] Corson M, Papademetriou S. An internet MANET encapsulation protocol (IMEP) specification. Internet Engineering Task Force, 1999.

[13] Ko Y. Location-aided routing (LAR) in mobile ad hoc networks. Wireless Networks, 2000, 6(4): 307-321.

[14] Dube R, Rais C, Wang K Y, et al. Signal stability-based adaptive routing (SSA) for ad hoc mobile networks. IEEE Personal Communications Magazine, 1997, 4(1): 36-45.

[15] Pearlman M, Haas Z. Determining the optima configuration for the zone routing protocol. IEEE Journal on Selected Areas in Communications, 1999, 17(8): 1395-1414.

[16] Hass Z. A new routing protocol for the reconfigurable wireless networks//The 6th IEEE International Conference on Universal Personal Communications, San Diego, 1997.

[17] Mario J. Routing Protocol and Medium Access Protocol for Mobile Ad Hoc Networks. New York: Polytechnic University, 1999.

[18] Jiang M, Li J, Yay Y. Cluster based routing protocol (CBRP) functional specification. IETF Internet-Draft, 1999.

[19] Su W, Gerla M. IPv6 flow handoff in ad hoc wireless networks using mobility prediction//The 18th IEEE Global Communications Conference, Rio de Janeiro, 1999.

[20] Su W. Motion Prediction in Mobile Wireless Networks. Los Angeles: UCLA Computer Science Department, 1999.

[21] Lee S, Gerla M. Split multipath routing with maximally disjoint paths in ad hoc networks//The IEEE International Conference on Communications, Piscataway, 2001.

[22] Lee S, Gerla M. AODV-BR: backup routing in ad hoc networks//The IEEE Wireless Communications and Networking Conference, Chicago, 2000.

[23] Rodoplu V, Meng T. Minimum energy mobile wireless networks. IEEE Journal on Selected Areas in Communication, 1999, 17(8): 1333-1344.

[24] Feeney L. Energy efficient communication in ad hoc wireless networks. http: //www.sics.se/~lmfeeney/chapter-done.pdf.

[25] Bergamo P, Giovanardi A, Travasoni A, et al. Distributed power control for energy efficient routing in ad hoc networks. Wireless Networks, 2004, 10(1): 29-42.

[26] Rahman A, Gburzynski P. On constructing minimum-energy path-preserving graphs for ad-hoc wireless networks//The IEEE International Conference on Communications, Seoul, 2005.

[27] Maleki M, Dantu K, Pedram M. Power-aware source routing protocol for mobile ad hoc networks//The IEEE International Symposium on Lower Power Electronics and Design, California, 2002.

[28] Yu W, Lee J. DSR-based energy-aware routing protocols in ad hoc networks. http: //www.ece.utexas. edu/~jang2wlee/energy-wei.pdf.

[29] Gupta N, Das S. Energy-aware on-demand routing for mobile ad hoc networks. Lecture Notes in Computer Science, 2002, 2571: 164-173.

[30] Liang W. Minimizing energy and maximizing network lifetime multicasting in wireless ad hoc networks// The IEEE International Conference on Communications, Seoul, 2005.

[31] Narayanaswamy S, Kawadia V. Power control in ad hoc networks: theory, architecture, algorithm and implementation of the COMPOW protocol//The European Wireless Conference, Florence, 2001.

[32] Sivakumar R, Sinha P, Bharghavan V. CEDAR: a core-extraction distributed ad hoc routing algorithm. IEEE Journal of Selected Areas in Communications, 1999, 17(8): 1454 -1465.

[33] Chen S, Nahrstedt K. Distributed quality of service routing in ad-hoc networks. IEEE Journal of Selected Areas in Communications, 1999, 17(8): 1488-1505.

[34] Zhu C, Corson M. QoS routing for mobile ad hoc networks// The 21st Annual Joint Conference of the

IEEE Computer and Communications Societies, New York, 2002.

[35] Lin C, Liu J. QoS routing in ad hoc wireless networks. IEEE Journal Selected Areas in Communications, 1999, 17(8): 1426-1438.

[36] 袁培燕, 李腊元. Ad hoc 网络路由协议仿真模型的研究. 计算机工程与应用, 2006, 22: 100-104.

[37] Friis H. A note on a simple transmission formula//The Conference of Institute of Radio Engineers, 1946.

[38] Rappaport T. Wireless Communications: Principles and Practice. 2nd ed. New Jersey: Prentice Hall, 2002.

[39] 袁培燕, 李腊元. 基于连通度的 Ad hoc 网络路由协议研究与仿真. 计算机应用与研究, 2007, 24(5): 273-277.

第3章 移动机会网络中的路由协议

机会路由是实现间歇式连通环境下数据收集与内容共享的一项重要支撑技术。本章对机会路由算法在评价指标、设计需求、研究进展方面进行详细介绍。

3.1 机会路由算法评价指标

虽然对机会路由的研究已经开展多年，但如何合理地评价机会路由算法的优劣仍然是当前研究面临的一个重要问题[1]。这里，从路由算法有效性方面讨论几个重要的指标[2]。

（1）投递率。投递率是指成功接收的数据包个数与发送的数据包个数之间的比值。投递率是衡量一个路由算法好坏的最重要指标之一。在有限的传输时间内，接收到的数据包越多，投递率就越高。在目前小规模的移动机会网络原型系统中[3]，多数采取洪泛策略传输数据，往往在取得高投递率的同时，伴随着高的数据转发代价。

（2）转发代价。转发代价是指在数据包传输过程中，转发的数据包总量与成功接收的数据包总量之间的比值。由于目前大多数机会路由算法采用多备份的数据转发策略来提高数据包的投递率，转发代价的值通常大于1。一个路由算法的转发代价越高，意味着它需要占用更多的系统资源，算法的可扩展性就越差。

（3）传输延时。传输延时是指数据包从源端传输至接收端需要花费的时间。在移动机会网络中，该指标一般以分钟或小时为单位。传输延时一般与转发代价负相关，低延时通常伴随着高代价，反之亦然。

上述三个指标是评价机会路由算法性能优劣的重要参考。除此之外，还有一些衍生指标，如能量有效性（通常与转发代价正相关）、传输抖动（前后两次传输延时的差值）、传输效率（相同时间内传输的成功率）等。现有的转发策略大多是围绕两个或多个相互矛盾的指标展开研究的，在这些性能指标上取得一个平衡，这也是目前研究的一个热点和难点，还存在大量的工作需要完成。

3.2 机会路由算法设计需求

当前移动机会网络的数据转发策略主要针对特定应用场景，通过移动节点之间的相互协作，完成数据传输。在上述过程中，需要同时考虑下面两个方面的需求。

（1）机会路由算法的投递率与传输延时之间的平衡。在移动机会网络中，随着节点的移动，数据包的传输路径动态变化，需要经过多跳转发才能到达接收端，在每一跳之间往往经历较长的等待延时，这样就造成高的投递率通常伴随着高的传输延时。

（2）机会路由算法的转发代价与传输延时/投递率之间的平衡。机会路由算法利用节点的移动性，通过节点之间的机会式接触传输数据，数据传输一般要经历很长的延时。为了提高数据传输效率，目前采取的策略是向系统中注入大量的冗余数据，通过同时传输数据的多个冗余备份来达到降低传输延时、提高投递率的目的，但同时这种策略也占用了大量系统资源，加重了数据转发的代价。

3.3　机会路由算法研究进展

机会路由最初是为了满足稀疏移动的自组织网络环境下的数据通信需求而提出的[4]。2003 年，Fall 等在 SIGCOMM 国际会议上进一步提出存储-携带-转发的数据传输机制来解决由节点的移动性所带来的链路间歇式连通性问题[5]。从那时开始，机会路由便引起多个领域研究人员的关注（如深空通信[6]、车载网络[7]、P2P 系统[8]、3G网络[9]）。按照在设计数据转发策略过程中是否需要额外信息的辅助，目前的机会路由算法可以划分为零信息型和信息辅助型两类，如图 3-1 所示。

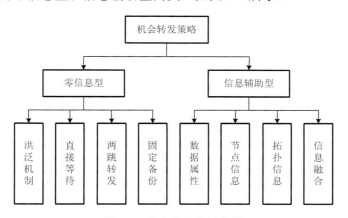

图 3-1　机会路由算法分类

3.3.1　零信息型机会路由

零信息型又可以细分为洪泛机制、直接等待、两跳转发、固定备份四类。

（1）洪泛机制：文献[10]提出了一种类似传染病扩散的洪泛算法 Epidemic。当两个节点相遇时，首先交换对方缓存队列中的数据包 ID。在此基础上，进一步判断并交换对方携带而自己没有携带的数据包。Epidemic 算法具有最优的延时性能，但同时网络的负载最大，算法的可扩展性最差。

（2）直接等待：Shah 等提出了一种源节点直接等待的数据转发策略[11]。源节点只有在遇到目的节点时，才将数据发送出去。显然，该机制的转发代价最低，但同时在投递率和延时方面表现最差。

（3）两跳转发：为了提高直接等待策略的传输效率，Zhao 等提出了一种两跳转发的路由机制。源节点首先将感知数据转发给与之相遇的移动节点，然后由这些移动节点负责将数据转发给目的节点[12]。这种机制通过将数据的多个备份限制在两跳范围之内，降低了转发代价，同时也在一定程度上加快了传输过程。

（4）固定备份：与洪泛机制和两跳转发机制中不限制数据的备份数不同，文献[13]通过向网络中扩散一定数量的备份数据达到降低传输延时的目的。当两个节点相遇时，各自将携带的数据备份数目的一半分配给对方。当节点只携带该数据的一个备份时，采取直接等待策略。

零信息型转发策略设计思路直观、易于实现，但由于在转发过程中没有考虑传输的数据、参与转发的节点以及网络拓扑等因素对路由算法性能的影响，数据传输效率低，在投递率-延时-代价方面并没有达到比较好的平衡，如表 3-1 所示。近年来，研究人员围绕信息辅助型转发策略展开研究，这也是当前研究的主流方向。

表 3-1　四种零信息型转发策略的性能分析

	洪泛机制	直接等待	两跳转发	固定备份
投递率	高	低	较低	较高
延时	低	高	较高	较低
代价	高	低	较低	较高

3.3.2　信息辅助型机会路由

根据在设计转发策略时辅助信息的来源，信息辅助型转发策略又可以进一步划分为基于数据属性、基于节点信息、基于拓扑信息以及信息融合四类。表 3-2 总结了各类转发策略的研究内容。接下来对每一类的主要工作逐一介绍。

表 3-2　信息辅助型转发策略的研究内容及代表性工作

类别名称	研究内容	代表性工作
数据属性	针对传输数据的优先级、备份数等信息，研究基于数据属性的转发策略	最大化数据包转发增益
节点信息	针对参与节点社会关系、节点的接触概率等信息，研究基于节点信息的转发策略	基于社交图的转发策略
拓扑信息	针对网络链路、拓扑的局部变化，研究基于拓扑信息的转发策略	基于局部连通性的机会路由算法
信息融合	综合利用上述信息，研究多类信息协同的转发策略	基于节点投递概率与包存活时间的策略

1）基于数据属性的转发策略

文献[14]提出一种基于数据包备份个数与数据包预期传输延时的转发策略。结合三个路由指标：最小化平均延时、最小化最坏情况延时、最大化特定延时，计算每个数据包的效用值。当两个节点相遇时，首先交换效用值最高的数据包。当缓冲区满时，删除效用值最低的数据包。文献[15]结合最大化投递率这一指标对上述工作进行扩展，并提出了一种估计数据包备份个数的分布式算法。Prodhan 等结合数据包的存活时间、跳数、备份个数以及数据包大小等因素，估计数据包的优先级[16]。文献[17]首先利用网络编码技术将感知数据分解成多份编码包，然后采用混合整数规划方法来确定每个节点可以携带的编码包的数量。这种基于感知数据的转发策略的优点是可以从理论上获得最优的传输性能，缺点是需要一些全局性信息进行辅助（如数据的备份个数），而这种全局性信息在移动机会网络中往往很难事先获得。

　　2）基于节点信息的转发策略

　　该类策略主要围绕中继节点与目的节点之间的接触概率、节点上下文信息（能量、移动速度、邻居变化情况等）、节点之间的社会关系、节点在网络中的社会地位等来选择下一跳节点。

　　（1）接触信息：文献[18]利用节点之间的接触时长及接触次数，提出了一种基于节点接触概率的路由算法 PROPHET。当两个节点相遇时，它们的接触概率增加，否则，随时间衰退。PROPHET 还考虑了节点之间接触概率的传递性问题，若节点 A 遇到节点 B，节点 B 遇到节点 C，则节点 A 也有可能遇到节点 C。此外，文献[19]利用节点的接触位置，进一步分析了两跳邻居之间的接触概率。

　　（2）节点上下文信息：文献[20]提出了一种考虑节点剩余能量、运动速度、邻居变化情况等上下文信息的转发策略 CAR。CAR 通过对不同的上下文信息设置不同的权值来评估节点参与数据转发的可能性。同时，利用信息的可获得性、可预测性来估计各类信息的权重。

　　（3）节点社会关系：文献[21]提出利用节点的接触频率、平均接触时长、接触的规律性来识别节点的社会关系。文献作者认为朋友之间应该具有较高的接触频率、较长的接触时间以及相对固定的交互活动。以此为基础，设计了一种面向朋友关系的转发策略。在文献[22]中，Chen 等发现用户的朋友关系具有稳定性。通过在邻居之间交换朋友关系，他们提出了一种基于用户社交图的路由算法，将计算节点的接触概率放在发送端进行，降低节点之间信息交换的次数。

　　（4）节点社会地位：节点在网络中的地位不同，在转发过程中起的作用也不尽相同。将数据转发给社会地位高的节点，可以提高数据的投递率。基于这一点，近来的工作主要围绕如何评价节点的社会地位展开研究。Bubble[23]利用传统社会化网络分析中的中介中心度计算节点的社会地位，结合 k-clique[24]和 WNA[25]方法对节点进行聚类，然后同时考虑节点的中心度以及节点所在社区来设计转发策略。当数据包没有进入目的节点所在的社区时，数据包转发给中心度高的节点，当数据包到达目的节点所在的社区时，数据包转发给该社区内中心度高的节点，以此降低路由负载。文献[26]利用邻居节点的接触信息，分布式地估计节点的中心度和相似度，并融合二者为统一的

SimBet 度量。当两个节点相遇时，首先交换各自邻域知识，计算中心度和相似度，然后将数据包转发给 SimBet 值较高的节点。此外，文献[27]利用经典的 PageRank 算法分布式地计算节点的中心度，降低了传统社会化网络分析方法计算节点中心度的算法复杂度，取得了比较好的效果。

3）基于拓扑信息的转发策略

文献[28]对节点在短时间内的邻居变化情况进行分析。他们观察到网络中的某些节点在短时间内存在着局部连通性，提出了一种基于节点连通性的转发策略。文献[29]针对网络拓扑在不同时刻的连通情况，提出了一种自适应备份数的转发策略。当网络状况向容迟网络演变时，增加数据包备份个数，当网络状况向传统 mesh 网络演变时，减少数据包备份个数。

4）信息融合的转发策略

文献[30]提出了一种结合节点投递概率与数据包优先级的转发策略。首先对节点之间的投递概率进行比较来决定是否转发数据包，当决定转发时，优先考虑存活时间较短的数据包。在文献[31]中，Gunawardena 等观察到在大部分情况下，将转发数据限制在两跳范围之内可以取得接近最优算法下的投递性能，同时，数据的多条转发路径之间存在着正相关性。结合这两点，他们提出了一种最大化投递率的转发策略。

下面，我们将对上述四类转发策略中最具代表性的工作进行详细介绍。

1）最大化数据包转发增益[14]

在最大化数据包转发增益中，每个数据包的转发增益由两部分来衡量：其一是预测数据包转发给相遇节点后可以获得的延时增益，主要思路是结合节点对接触的间隔时长来进行估算；其二是该数据包的当前备份数。两者的比值为转发该数据包可以获得的转发增益。当两个节点相遇时，按照每个数据包转发增益的大小来决定数据包转发的顺序，直到双方完成交换或接触中断；当有一方缓冲区满时，删除转发增益最小的数据包。

2）基于社交图的转发策略[22]

在大部分的信息辅助型转发策略中，节点对在决定转发数据之前，需要交换各自的效用值（与目的节点的接触概率、节点的地位等）。这样，信息交换的次数将随着转发次数的增长而增长，消耗大量的系统资源。文献[22]提出了一种基于社交图的转发策略，将节点效用值的计算放在发送端进行，从而避免过多的信息交换，提高转发效率。文献作者观察到节点在不同时刻的朋友关系变化很小，具有稳定性。邻居之间通过交换各自的朋友关系可以得到一张描绘节点朋友关系的社交图，如图 3-2 所示。图 3-2(a)为节点 A 的社交图初始状态，当节点 A 遇到 B 和 K 时，交换各自携带的社交图，如图 3-2(b)所示。

基于社交图，发送端可以独立决定是否需要将数据包转发给相遇节点。例如，当节点 A 遇到节点 B 时，如果节点 A 携带的数据包的目的节点是节点 J，由于节点 A 知

道 B 是 J 的一个朋友，所以决定把数据包转发给 B，如果数据包的目的节点是节点 N，则节点 A 放弃这次转发机会。

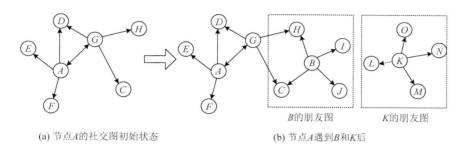

(a) 节点 A 的社交图初始状态　　　　　　　　(b) 节点 A 遇到 B 和 K 后

B 的朋友图　　　　　K 的朋友图

图 3-2　节点 A 的社交图

基于社交图的转发策略利用用户之间稳定的社交关系来提高转发效率，但同时每个节点需要保存大量的社交信息，占用存储空间；另外，由于网络的弱连接性，当用户的社交关系发生改变时，有可能得不到及时的反映，存在"信息陈旧"的问题。

3）基于局部连通性的机会路由算法[28]

在移动机会网络环境下，虽然端到端的连通路径很少存在，但有可能存在一些局部拓扑连通的子集。利用这些局部连通的子集，可以采用单备份的转发策略来降低传统算法中存在的重负载问题。该类算法的主要问题是连通集的维护问题，图 3-3 显示不同时刻下两个连通子集的变化情况。文献[28]用高斯分布表示这种局部连通性的变化情况，并结合节点对的接触概率来预测节点的转发效用。

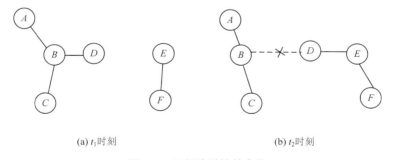

(a) t_1 时刻　　　　　　　　　　　　(b) t_2 时刻

图 3-3　局部连通性的变化

4）基于节点投递概率与包存活时间的策略[30]

该类转发策略包括两方面内容：①节点投递概率的计算；②数据包优先级的确定。文献[30]采用增量平均的方法计算节点之间的投递概率，节点的投递概率初始值为网络中节点个数的倒数。当两个节点相遇时，它们的投递概率加 1，然后所有节点对的投递概率采用增量平均的方法重新计算。最后，利用最短路径算法决定转发节点集。

在进行转发的时候，考虑到节点对的接触时长以及节点缓冲区大小的影响，首先转发存活时间较短的数据包。

3.4　本 章 小 结

机会路由作为实现间歇式连通环境中节点之间数据传输的一种方法，具有十分重要的研究意义。本章首先对机会路由算法的评价指标与设计需求进行介绍，在此基础上，从零信息型和信息辅助型两个方面对当前机会路由的研究进展进行回顾，并对代表性的信息辅助型路由算法进行评价。

参 考 文 献

[1] Mtibaa A, Harras K. Fairness-related challenges in mobile opportunistic networking. Computer Networks, 2013, 57(1): 228-242.

[2] Song L, Kotz D. Evaluating opportunistic routing protocols with large realistic contact traces// The ACM MobiCom Workshop on Challenged Networks, Montreal, 2007.

[3] Eisenman S, Miluzzo E, Lane N, et al. The BikeNet mobile sensing system for cyclist experience mapping// The 5th ACM Conference on Embedded Networked Sensor Systems, Sydney, 2007.

[4] Juang P, Oki H, Wang Y, et al. Energy-efficient computing for wildlife tracking: design tradeoffs and early experiences with ZebraNet//The 10th International Conference on Architectural Support for Programming Languages and Operating Systems, San Jose, 2002.

[5] Fall K. A delay-tolerant network architecture for challenged internets//The Annual Conference of the Special Interest Group on Data Communication, Karlsruhe, 2003.

[6] Ivancic W, Eddy W, Stewart D, et al. Experience with delay-tolerant networking from orbit//The 4th ACM Conference of Advanced Satellite Mobile Systems, Bologna, 2008.

[7] Hull B, Bychkovsky V, Zhang Y, et al. CarTel: a distributed mobile sensor computing system//The 4th ACM Conference on Embedded Networked Sensor Systems, Colorado, 2006.

[8] Zhang Y, Gao W, Cao G, et al. Social-Aware Data Diffusion in Delay Tolerant MANETs. New York: Springer, 2012.

[9] Han B, Pan H, Kumar A. Mobile data offloading through opportunistic communications and social participation. IEEE Transactions on Mobile Computing, 2012, 11(5): 821-834.

[10] Vahdat A, Becker D. Epidemic Routing for Partially Connected Ad Hoc Networks. Durham North Carolina: Duke University, 2000.

[11] Shah R, Roy S, Jain S, et al. Data MULEs: modeling and analysis of a three-tier architecture for sparse sensor networks. Ad Hoc Networks, 2003, 1(2-3): 215-233.

[12] Zhao W, Ammar M, Zegura E. A message ferrying approach for data delivery in sparse mobile ad hoc

networks//The 5th ACM International Symposium on Mobile Ad Hoc Networking and Computing, Tokyo, 2004.

[13] Spyropoulos T, Psounis K, Raghavendra C. Efficient routing in intermittently connected mobile networks: the multiple-copy case. IEEE/ACM Transactions on Networking, 2008, 16(1): 77-90.

[14] Balasubramanian A, Levine B, Venkataramani A. DTN routing as a resource allocation problem// The Annual Conference of the Special Interest Group on Data Communication, Kyoto, 2007.

[15] Krifa A, Barakat C, Spyropoulos T. Optimal buffer management policies for delay tolerant networks// The 5th Annual IEEE Communications Society Conference on Sensor, Mesh and Ad Hoc Communications and Networks, San Francisco, 2008.

[16] Prodhan A, Das R, Kabir H, et al. TTL based routing in opportunistic networks. Journal of Network and Computer Applications, 2011, 34(5): 1660-1670.

[17] Zhuo X, Li Q, Gao W, et al. Contact duration aware data replication in delay tolerant networks //The 9th IEEE International Conference on Network Protocols, Vancouver, 2011.

[18] Lindgren A, Doria A, Schelen O. Probabilistic routing in intermittently connected networks. Lecture Notes in Computer Science, 2004, 3126: 239-254.

[19] Burns B, Brock O, Levine B. MV routing and capacity building in disruption tolerant networks// The 24th IEEE Conference on Computer Communications, Miami, 2005.

[20] Musolesi M, Hailes S, Mascolo C. Adaptive routing for intermittently connected mobile ad hoc networks//The IEEE International Symposium on a World of Wireless, Mobile and Multimedia Networks, Taormina, 2005.

[21] Bulut E, Szymanski B. Exploiting friendship relations for efficient routing in mobile social networks. IEEE Transactions on Parallel and Distributed Systems, 2012, 23(12): 2254 -2265.

[22] Chen K, Shen H. SMART: lightweight distributed social map based routing in delay tolerant networks// The 20th IEEE International Conference on Network Protocols, Austin, 2012.

[23] Hui P, Crowcroft J, Yoneki E. Bubble rap: social-based forwarding in delay tolerant networks. IEEE Transactions on Mobile Computing, 2011, 10(11): 1576-1589.

[24] Palla G, Derenyi I. Uncovering the overlapping community structure of complex networks in nature and society. Nature, 2005, 435(7043): 814-818.

[25] Newman M. Analysis of weighted networks. Physical Review E, 2004, 70:056131.

[26] Daly E, Haahr M. Social network analysis for routing in disconnected delay-tolerant MANETs// The 13th Annual International Conference on Mobile Computing and Networking, Montreal, 2007.

[27] Mtibaa A, May M, Diot C, et al. PeopleRank: social opportunistic forwarding// The 29th IEEE Conference on Computer Communications, San Diego, 2010.

[28] Gao W, Cao G. On exploiting transient contact patterns for data forwarding in delay tolerant networks// The 18th IEEE International Conference on Network Protocols, Kyoto, 2010.

[29] Tie X, Venkataramani A, Balasubramanian A. R3: robust replication routing in wireless networks

with diverse connectivity characteristics//The 17th Annual International Conference on Mobile Computing and Networking, Las Vegas, 2011.

[30] Burgess J, Gallagher B, Jensen D, et al. MaxProp: routing for vehicle-based disruption-tolerant networks// The 25th IEEE Conference on Computer Communications, Barcelona, 2006.

[31] Gunawardena D, Karagiannis T, Proutiere A. SCOOP: decentralized and opportunistic multicasting of information streams//The 16th Annual International Conference on Mobile Computing and Networking, Chicago, 2011.

第 4 章　移动机会网络中的信息扩散模型

对移动机会网络的信息扩散过程进行建模，是对路由算法进行性能评价的理论基础，同时也是设计信息辅助型路由策略的前提条件。Epidemic 算法作为机会路由算法中的一种代表性工作，由于其信息扩散过程与现实生活中传染病在人群中的传播过程非常类似，近年来吸引了大量的关注。以 Epidemic 算法为基础，研究信息在移动机会网络中的扩散规律，进而研究信息的传播延时、投递率与参与转发的节点个数（称为转发代价）之间的关系，具有重要的理论意义和实际应用价值。传统的针对 Epidemic 算法的建模方法，利用节点的接触率表示节点的传染能力，忽视了节点分布的时空相关性对节点传染能力的影响，建模的结果与实际情况不符，不能准确地刻画信息在网络中的动态扩散过程。本章对作者提出的一种基于节点时空相关性的信息扩散模型进行介绍。该模型针对便携式设备位置分布的时空相关性，通过对节点传染能力的合理抽象，给出了移动机会网络中信息扩展律的一般化表达形式。在此基础上，进一步分析了转发代价与传输延时、投递率之间的关系，为设计有效的机会路由算法提供理论指导。理论分析与实验结果验证了所提模型的正确性以及有效性。

4.1　引　　言

机会路由采用存储-携带-转发的方式实现节点之间的通信。在此过程中，信息通过节点之间的机会式接触在网络中进行动态扩散。研究移动机会网络中信息的扩散机理是设计信息辅助型数据转发策略的基础，同时在网络舆情处理、病毒预防等方面也具有非常重要的应用价值。上述问题可以视为传染病在人群中的传播问题，下面结合经典的 Epidemic 算法[1]对该问题进行分析。

在 Epidemic 算法中，当一个携带数据包的节点与另一个没有携带该数据包的节点相遇时，前者将数据包的一个备份转发给后者，后者以同样的方式在网络中扩散该数据包。显然，采用这种类似洪泛的数据转发方式可以保证 Epidemic 算法在理论上获得最优的传输延时与最高的数据投递率，但同时也导致它的转发代价最高。因此，如何在传输延时、投递率与转发代价之间取得平衡，以及分析在一定的传输延时约束下数据包的投递性能，是当前研究的重点。

相关工作通过将网络中的节点划分为数据感染者和易感者两类（已经收到数据包的节点称为感染者，还没有收到数据包的节点称为易感者），利用连续时间的马尔可夫链模型，分析两类节点的规模随时间的变化情况，从而得到数据包的传输延时与感染者个数之间的关系。对这些方法而言，如何刻画节点的传染能力是一个关键性问题。相关工作在建模过程中利用节点之间的接触速率来表示节点的传染能力。假定每个感染者都具有相同的传染能力，即在一定时间内每个感染者会遇到相同数量的易感者。这些工作忽略了节点分布的时空相关性对节点传染能力的影响。显然，感染者的传染能力与其周围的易感者的数量直接相关。由于节点的移动，在不同的时间和地点，一方面，同一个感染者的传染能力会发生变化；另一方面，即使两个感染者遇到相同数量的其他节点（假定节点之间具有相同的接触速率），它们遇到易感者的数目也有可能不同（因为相遇节点中的一部分很有可能已经被感染了）。上述现象使得传统方法不能准确地刻画信息在网络中的扩散过程，影响建模的精确度。考虑到节点分布的时空相关性，首先提出了一种度量节点传染能力的方法，并利用节点之间的平均传染能力来平滑它们在传染能力方面的差异性。此外，利用平均传染能力对信息在移动机会网络中的扩散过程进行建模，给出了信息扩散规律的更紧的上限表示。在此基础上，进一步分析了感染者的个数对传输延时、投递率的影响，给出了其显式的下限表示。

4.2　信息扩散模型研究技术路线

目前，对 Epidemic 协议簇的扩散规律进行建模主要遵循下面两条技术路线：①基于数据集进行统计分析；②基于传染病模型进行理论研究。

4.2.1　数据集统计分析

文献[2]对达特茅斯学院 7000 个用户在 17 周内的移动轨迹进行统计，结果发现超过一半的用户喜欢待在一两个地方（占用户总活动时间的 98%），即每个用户每天的平均活动时间呈明显的幂率分布。文献[3]对加利福尼亚大学 2002 级的 275 名学生访问校内 AP 的情况进行分析（当两个学生共同访问一个 AP 时，可以视为在他们之间发生了一次接触）。他们的研究结果表明用户之间的接触次数、接触时长均呈现重尾分布。在文献[4]中，Natarajan 等对新加坡国立大学的在校学生一学期内基于蓝牙接触的情况进行统计。他们发现除了间隔时长之外，用户之间的其他重要接触指标（如接触次数、接触时长等）均服从幂率分布。文献[5]、[6]对大学校园、集市等五种场景下人们的移动情况进行分析，发现用户的移动性介于布朗移动模型与随机游走模型之间，服从截尾的帕累托分布。

利用真实数据集对 Epidemic 算法及其变种进行建模的优点是直观性强，缺点是耗时、费用高以及受场所限制等。目前大部分的数据集局限于校园或会议环境，研究结果受实验场景的影响较大。

4.2.2　传染病模型下的理论研究

基于传染病模型进行理论研究是目前被广泛采用的一种技术手段。人群中传染病的传播情况与发生在计算机网络中的许多现象非常类似，如网络中的病毒扩散过程[7-9]、网络故障源的诊断[10]、稀疏传感网的数据收集[11]、移动自组织网络中"谣言"的传播路径[12]以及最近针对机会路由中 Epidemic 协议簇的性能建模等。目前辅助传染病模型进行理论分析所采用的方法主要包括：马尔可夫链、常微分方程（ordinary differential equation，ODE）、偏微分方程（partial differential equation，PDE）、连续统渗透理论以及流体计算等。

Small 等[13,14]从研究白鲸的生物信息获取系统出发，提出了一种共享的无线信息站模型 SWIM，分析获取的生物信息在水下移动机会网络中的传播情况。结合传染病模型和马尔可夫链，他们给出了信息的转发代价与传输延时之间的关系，并进一步分析了基于信息存活时长的、免疫自己的以及免疫全部节点情况下的信息扩散过程。

为了简化上述建模过程的计算复杂化问题，利用常微分方程，Zhang 等[15]对数据包在 Epidemic 协议簇中的传播情况进行建模。对于 Epidemic 算法，得到了与 Small 等相同的结果，对于 Epidemic 的其他变种，得出了与文献[13]、[14]类似的结论，但整个推导过程显得更加紧凑和简洁。

此外，Spyropoulos 等分析了异构网络环境下的数据包传输情况[16]。假定节点之间具有不同的接触速率，他们分析了 Epidemic 算法的传输延时与数据转发代价之间的关系。在此基础上，提出了一种固定备份的转发策略来改善 Epidemic 算法的性能。文献[17]详细分析了两跳路由策略下的数据转发过程，文献[18]对 Epidemic 算法和两跳路由策略在静态概率转发和动态概率转发两种情况下最优的延时分布情况进行研究。

最近一段时间，许多文献指出移动机会网络中信息扩散过程与水面上波纹的传播过程也非常相似。文献[19]利用渗透理论对上述问题进行研究。指出当网络拓扑处于非临界状态时，信息的传播延时与源端和接收端之间的欧氏距离线性相关；当网络拓扑处于临界状态时，整个网络中存在一个连通子集是一个大概率事件。在这种情况下，信息的传播延时与源端和接收端之间的欧氏距离非线性相关。此外，通过将节点的接触情况转换为一个在不同时空下的概率旅行路线图，文献[20]、[21]显式地给出了信息扩散速率的上限以及传播延时的下限。文献[22]基于偏微分方程，结合流体计算分析了 Epidemic 协议簇的信息扩散过程。

4.3　基于传染病模型的信息扩散过程

4.3.1 节对本章使用的网络模型进行介绍，4.3.2 节结合传染病模型对相关工作中的信息扩散过程进行回顾，4.3.3 节讨论了原有扩散律中存在的问题。

4.3.1　网络模型

假定在一个面积为 Q 的方格中部署有 n 个节点，节点采用随机游走的移动方式。由文献[23]的结论可知，节点之间的接触速率可以近似表示为

$$\beta \approx \frac{2wrE[v]}{Q} \qquad (4\text{-}1)$$

式中，w 表示一个常量，其值为 1.3683；r 表示节点之间的通信半径；$E[v]$ 表示节点的平均移动速度。表 4-1 列出了本章中用到的其他术语及其含义。

表 4-1　本章中用到的主要术语

T_d	相关工作中的传输延时
t_j	感染者的个数等于 j 的时刻
R	平均传染率
I_{ave}	由平均传染率得到的感染者个数
$K(t)$	在一个时间间隔内新增的感染者个数
$S(t)$	在 t 时刻易感者的个数
f_i	节点 i 的传染率
$\aleph(t)$	相关工作中使用的术语
$\aleph_a(t)$	本章提出的模型中使用的术语

4.3.2　传染病模型及相关工作中数据包的扩散情况

下面以一个数据包在网络中的扩散情况为例进行分析。在初始状态，假定只有源节点携带该数据包，当源节点遇到其他节点时，将该数据包的一个备份转发给相遇节点。相遇节点采用同样的方式进行扩散，直到网络中所有节点都携带该数据包。基于节点是否携带该数据包，将 n 个节点划为分两类：感染者和易感者。对于感染者，用传染率来刻画它们扩散能力的大小。

定义 4-1　对于任意的一个感染者 i，它的传染率 f_i 表示单位时间内节点 i 遇到的易感者的个数。

对于移动机会网络中数据包的扩散过程，需要回答的一个问题是：感染者的个数 $I(t)$ 如何随时间发生变化？本章用扩散速度来表示它们之间的关系。

定义 4-2　扩散速度：在单位时间内新增的感染者个数。我们用感染者个数的累积分布函数来表示。

下面通过节点的传染率 f_i 来分析 $I(t)$ 的演化。在一个时间间隔内 $[t, t+\Delta t]$ 内，任意一个感染者可以遇到 $\beta(n-1)\Delta t$ 个节点，其中易感者所占的比例为 $S(t)/(n-1)$。由定义 4-1 可知，节点 i 的传染率为

$$f_i = \beta(n-1)\frac{S}{n-1} = \beta S \qquad (4\text{-}2)$$

在原有工作中假设每个节点具有相同的传染能力，则感染者的平均传染率 R 可以表示为

$$R = \frac{\sum_{i=1}^{I} f_i}{I} = \beta S \qquad (4\text{-}3)$$

利用节点的平均感染率，在 $[t, t+\Delta t]$ 内新增的感染者的个数可以表示为

$$I(t+\Delta t) - I(t) = \beta S I \Delta t \qquad (4\text{-}4)$$

则 $I(t)$ 的变化率可以表示为

$$I'(t) = \beta S I \qquad (4\text{-}5)$$

结合初值条件 $I(0) = 1$ 以及 $S(t) = n - I(t)$，可以得到如下的扩散速度表示：

$$I(t) = \frac{n}{1 + (n-1)\mathrm{e}^{-\beta n t}} \qquad (4\text{-}6)$$

式（4-6）即为相关工作中扩散速度的一般化表示。结合式（4-6）以及文献[15]中的结论，数据包的首个备份被目的节点收到时的延时分布函数 $P(t)$ 可以表示为

$$P(t) = 1 - \frac{n}{n - 1 + \mathrm{e}^{\beta N t}} \qquad (4\text{-}7)$$

更进一步，数据传输的平均延时 $E(T_d)$ 可以表示为

$$E(T_d) = \int_0^\infty [1 - P(t)]\mathrm{d}t = \frac{\ln n}{\beta(n-1)} \qquad (4\text{-}8)$$

证明：由式（4-7）可得

$$E(T_d) = \int_0^\infty [1 - P(t)]\mathrm{d}t = \frac{1}{\beta} \int_0^\infty \frac{\beta n}{n - 1 + \mathrm{e}^{\beta n t}}\mathrm{d}t$$

令 $\tau = \beta n t$，则

$$E(T_d) = \frac{1}{\beta} \int_0^\infty \frac{1}{n - 1 + \mathrm{e}^{\tau}}\mathrm{d}\tau$$

经过几何变换，可得

$$E(T_d) = -\frac{1}{\beta(n-1)} \int_0^\infty \frac{1}{(n-1)\mathrm{e}^{-\tau} + 1}\mathrm{d}(n-1)\mathrm{e}^{-\tau}$$

令 $x = (n-1)\mathrm{e}^{-\tau}$，代入上式，有

$$E(T_d) = -\frac{1}{\beta(n-1)} \int_{n-1}^0 \frac{1}{x+1}\mathrm{d}x$$

上式右端可积，则

$$E(T_d) = -\frac{1}{\beta(n-1)}(\ln 1 - \ln n) = \frac{\ln n}{\beta(n-1)}$$

4.3.3　原有扩散律中存在的问题及原因

1）存在的问题

下面对式（4-6）的准确性进行验证。实验结果如图 4-1 所示（$n=50$，其他实验参数见表 4-2）。其中 x 轴表示数据包的存活时间，y 轴表示在不同的存活时间下感染者的个数。可以发现，原有扩散速度的理论值与实验值之间并不匹配。两者只有在数据传输的开始阶段和结束阶段保持一致，在中间阶段存在较大误差。同时，由式（4-5）可知，感染者个数的最大变化率为

$$\max_{I \in [1,n]} \beta SI = \max_{I \in [1,n]} \beta(n-I)I = \frac{\beta n^2}{4} \tag{4-9}$$

即当 $I = n/2$ 时，扩散律在理论值上可以达到最大。在此之后，随着感染者数量的增多，扩散速率逐步降低，直到最终趋于 0（当易感者个数等于 0 时）。

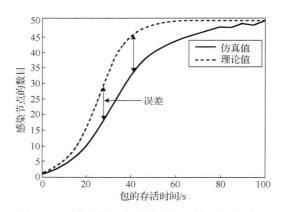

图 4-1　原有扩散律的理论值与实验结果的对比

表 4-2　实验参数设置

仿真区域	仿真时间	移动模型	移动速度	停留时间	通信半径	β
600×600	100s	RandomWP	4～10m/s	1s	50m	0.00066

2）原因分析

如果把易感者的数量视为网络中的紧缺资源，则感染者彼此之间需要通过竞争才能占有（传染）一个易感者。假定在某个时刻 t，网络中存在两个感染者 A 和 B，在 Δt 时间内，按照原有的传染率（式（4-2）），感染者 A 和 B 具有相同的传染率，则新增的感染者的个数是 $2\beta S \Delta t$。实际情况是 A 和 B 在传染易感者的过程中存在竞争。假定感染者 A 先遇上易感者（反之亦然），则感染者 A 的传染率是 βS。注意到现在剩余的易感者的个数是 $S - \beta S \Delta t$，

所以感染者 B 的传染率不再是 βS 而是变为 $\beta(n-1)\dfrac{S-\beta S\Delta t}{n-1}$，即 $\beta(S-\beta S\Delta t)$。实际情况中，新增的感染者的个数是 $(2\beta S-\beta^2 S\Delta t)\Delta t$。显然，$(2\beta S-\beta^2 S\Delta t)\Delta t < 2\beta S\Delta t (S\neq 0)$，即原有工作夸大了部分感染者的传染能力。

上述过程可以用图 4-2 进行说明。在图 4-2(a)中，感染者 A 遇到两个易感者 C 和 D，感染者 B 遇到两个易感者 E 和 F，根据式（4-2），新增 4 个感染者。下面考虑图 4-2(b)中的情况，假定感染者 A 先遇到易感者 C 和 D，感染者 B 随后遇到易感者 D（实际上已被 A 传染）和 F，则实际新增的感染者的个数为 3。因此，这种情况下的平均传染率为 $1.5/\Delta t$ 而不是 $2/\Delta t$。感染者分布的时空相关性会影响它们在数据扩散过程中的传染能力，感染者之间存在着竞争关系，无论是哪一个感染者最后成功地传染一个易感者，原有工作中存在的"重复计数问题"都将显著影响建模的准确性，如在原有工作中易感者 D 被计算两次。

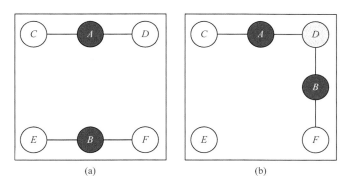

图 4-2　节点分布的时空相关性

由上述分析可以看出，原有工作中用节点之间接触率代替节点的传染率，得出每个感染者具有相同的传染率（这主要是因为在随机游走模型下，每个节点具有相同的接触率），忽视了节点分布的时空相关性对感染者传染率的影响，造成信息的扩散过程与实际情况不符，无法准确地刻画移动机会网络中信息的动态扩散过程。

4.4　基于节点分布时空相关性的信息扩散模型

本节对节点的传染率和平均传染率重新进行度量，在此基础上，给出了数据包扩散速度的一般化形式，同时分析了感染者个数与平均传输延时以及数据投递率之间的关系。

由 4.3 节的分析可知，相关工作在计算节点传染率的时候，忽略了两种情况：①感染者遇到同一个易感者；②每个感染者同时遇到一个不同的易感者（假设有 M 个感染者）。在这两种情况下，每个感染者的传染率是不同的。前一种情况易于理解，后一种情况主要是由于易感者的个数 $S(t)$ 发生了变化，而原来工作中假定 $S(t)$ 在短时间内是不会发生变化的。为了准确地量化节点的传染率，需要同时考虑上述两种情况。下面利用计数过程来统计单位时间内新增的感染者的个数。

令计数器 $K(t)$ 表示在时间 $[t, t + \Delta t]$ 内新增的感染者的个数。基于该计数器，不用关心到底是哪些感染者传染了易感者，只需要关注在该段时间内易感者被感染的总数。具体来说，对于上述情况①，$K(t)$ 的值增加 1，对于情况②，$K(t)$ 的值增加 M。下面讨论如何利用 $K(t)$ 来计算感染者的传染率和平均传染率。

设 E 表示一个感染者与一个易感者相遇的事件，令 $X(t)$ 表示事件 E 在 $[0, t]$ 内发生的次数，则

$$X(t) = I_a(t) \tag{4-10}$$

$$K(t) = X(t + \Delta t) - X(t) \tag{4-11}$$

当 $\Delta t \to 0$ 时，有

$$K(t) = \lim \frac{X(t + \Delta t) - X(t)}{\Delta t} \Delta t = X'(t)\mathrm{d}t = \mathrm{d}X$$

将式（4-10）代入上式，则

$$K(t) = \mathrm{d}I_a \tag{4-12}$$

令 $E_1, E_2, \cdots, E_j, \cdots, E_K$ 表示在 $[t, t + \Delta t]$ 内事件 E 发生的次数，其中 E_j 表示事件 E 的第 j 次发生（$1 \leqslant j \leqslant K(t)$），如图 4-3 所示，则某个感染者在第 j 次的传染率可以表示为（需要指出的是，在之前已经有 $j-1$ 个易感者被传染了）

$$f_j = \beta(n-1)\frac{S - (j-1)}{n-1} = \beta[S - (j-1)] \tag{4-13}$$

与式（4-2）不同的是，这里的下标 j 用来表示事件 E 的第 j 次发生，而不是某个感染者的 ID。

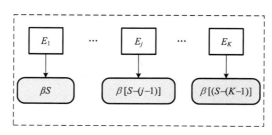

图 4-3　事件 E 发生的次数以及与之对应的传染率

考虑到在 $[t, t + \Delta t]$ 内，事件 E 一共发生了 $K(t)$ 次，则该段时间内的平均传染率可以表示为

$$R = \beta\left(S - \frac{K-1}{2}\right) \tag{4-14}$$

证明：由式（4-13）可知事件 E 每次发生时的传染率为 $\beta[S-(j-1)]$，事件 E 一共发生了 $K(t)$ 次，则这 $K(t)$ 次的平均传染率为

$$R = \frac{\sum_{j=1}^{K} f_{E_j}}{K} = \beta\frac{\sum_{j=1}^{K}[S-(j-1)]}{K} = \beta\frac{KS - \sum_{j=1}^{K}(j-1)}{K}$$

$$\Rightarrow R = \beta\frac{KS - \frac{K(K-1)}{2}}{K} = \beta\left(S - \frac{K-1}{2}\right)$$

比较式（4-14）与式（4-3），可以看出

$$\beta\left(S - \frac{K-1}{2}\right) \leqslant \beta S$$

上式表示实际情况下节点的传染率要低于相关工作中的理论值，两者只有在 $K(0)=1$ 时成立。

接下来，基于平均传染率，可以得出扩散速度 $I_a(t)$ 的一般化表示。由式（4-14）可知，在 $[t, t+\Delta t]$ 内，感染者的变化率为

$$I_a'(t) = \beta\left(S - \frac{K-1}{2}\right)I_a \tag{4-15}$$

将式（4-12）代入式（4-15），则

$$I_a'(t) = \beta\left(S - \frac{dI_a - 1}{2}\right)I_a \tag{4-16}$$

式（4-16）即为基于新的平均传染率下的扩散速度的一般化表示形式。利用式（4-16），进一步可得到感知数据的首个备份到达目的节点的时间分布函数 P_a 以及平均传输延时 $E_a(T_d)$：

$$dP_a = \beta I_a(1-P_a)dt \tag{4-17}$$

$$E_a(T_d) = \int_0^\infty (1-P_a)dt \tag{4-18}$$

同样地，可以得到在某个时刻 t 时，目的节点收到感知数据的概率 $pdr(t)$ 为（除了源节点之外，一共有 (I_a-1) 个节点携带该感知数据，则由古典概率公式可以得到式（4-19））

$$pdr(t) = \frac{I_a - 1}{n-1} \tag{4-19}$$

显然，式（4-19）即为 Epidemic 算法在某个时刻的投递率。考虑到在离散的时间点 $K(t) = I_a(t+1) - I_a(t)$ 以及 $S(t) = N - I_a(t)$，由式（4-16）可得

$$I_a(t+1) - I_a(t) = \beta \left[S - \frac{I_a(t+1) - I_a(t) - 1}{2} \right] I_a \qquad (4\text{-}20)$$

经过几步几何变换之后，可以得到如下关于扩散率的递归公式：

$$\begin{cases} I_a(t+1) = I_a(t) \left[\dfrac{\beta(1+2n)+4}{2+\beta I_a(t)} - 1 \right] \\ I_a(0) = 1 \end{cases} \qquad (4\text{-}21)$$

考虑到 $I_a(t) > 0$ 以及 $I_a(t) \leqslant n$，可得

$$\frac{I_a(t+1)}{I_a(t)} \geqslant \frac{\beta + 4 + 2\beta I_a(t)}{2 + \beta I_a(t)} - 1 > \frac{4 + 2\beta I_a(t)}{2 + \beta I_a(t)} - 1 = 1$$

上式说明 $I_a(t)$ 是一个单调增函数。

下面对数据包的备份个数 $E(c)$ 进行分析。将式（4-21）代入式（4-17）可以得到如下关于数据包的首个备份到达目的节点时的分布函数 P_a：

$$\begin{cases} P_a(t+1) = \beta I_a(t) + P_a(t)[1 - \beta I_a(t)] \\ P_a(0) = 0 \end{cases}$$

则数据包备份个数的期望可以表示为

$$E(c) = \sum_{i=0}^{T} I_a(i) P_a(i) \qquad (4\text{-}22)$$

4.5　实验结果与分析

为了验证所提出的评价模型，基于 VC.NET 设计并开发了一个仿真平台。该平台集成了 Epidemic 算法、随机游走模型以及后续章节用到的其他模型、数据集以及算法。本章用到的实验环境见表 4-2。此处停留时间设置为一非零值，主要是考虑到当停留时间为 0s 时，随机游走模型无法达到一个平稳状态，造成测量结果失准[24]。基于式（4-1），在实验环境下，节点之间的平均接触速率 β 的值为 0.00066。在实验时，随机选择一对节点分别作为源节点和目的节点，源节点在实验开始时向目的节点发送一个数据包，每隔 5s 记录携带该数据包的感染者的个数，同时记录目的节点收到该数据包的首个备份的时刻。实验结果为 100 次随机实验的平均值。

4.5.1　接触率与传染率

图 4-4 显示了不同时刻下节点之间的接触率与传染率的变化情况。图中术语 CR 表

示接触率，IR 表示传染率，节点个数分别为 100、200 和 300。可以明显看到，在独立同分布的移动模型下，节点的接触率不随时间发生变化，但节点的传染率呈快速下降趋势。该实验结果充分说明了使用传染率而不是接触率对机会路由算法进行建模的必要性。下面对传染率快速下降的现象进行分析。由前述可知，随着数据包的扩散，越来越多的节点变成感染者，易感者的数量快速减少。在这种情况下，即使在单位时间内遇到的节点总数不发生变化，遇到易感者的数目却在减少，从而降低了节点的传染性。

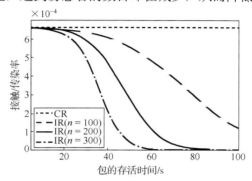

图 4-4　不同时刻下节点之间的接触率与传染率的变化情况

4.5.2　不同节点个数下信息的扩散速度

图 4-5 显示了不同节点个数下，感染者的个数在仿真过程中的变化情况。在图中，术语"CR"表示相关工作中的扩散模型，"IR"表示作者的工作。可以明显看到，两种模型得出的结果均呈现明显的递增趋势，验证了式（4-6）及式（4-21）的正确性。与原有模型相比，所提模型取得了一个更紧的上限，更好地刻画了实际情况中感知数据的扩散过程。主要原因在于相关工作中没有考虑感染者在数据传播过程中传染率方面的差异性，在计算的过程中，导致"重复计数"的问题，人为加快了数据包的扩散过程，从而造成模型失准。下面结合感知数据的平均备份进一步说明。

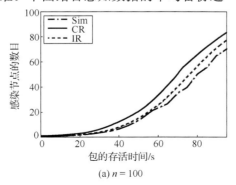

(a) $n = 100$

图 4-5　不同节点个数下感染者的累积分布函数

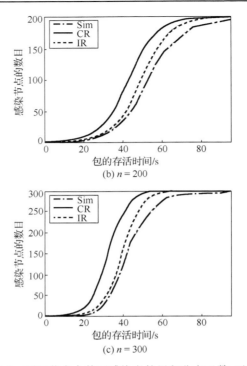

(b) $n = 200$

(c) $n = 300$

图 4-5　不同节点个数下感染者的累积分布函数（续）

4.5.3　不同节点个数下数据包的备份个数

图 4-6 显示了不同节点个数下，数据包的备份个数在仿真过程中的变化情况。图中术语 Copy 表示由式（4-22）得到的数据包备份个数的理论值。可以看到，数据包的备份个数随着仿真的进行，也呈现出明显的递增趋势；另外，理论值与仿真值之间的误差控制在[0, 10%]，再一次验证了所提模型的有效性。

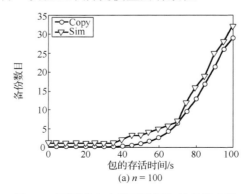

(a) $n = 100$

图 4-6　不同节点个数下数据包的备份个数

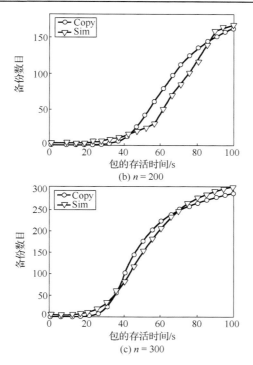

(b) $n = 200$

(c) $n = 300$

图 4-6　不同节点个数下数据包的备份个数（续）

4.6　本 章 小 结

本章提出了一种基于节点分布时空相关性的信息扩散模型。在信息的动态扩散过程中，考虑到节点分布情况的时空相关性，提出用传染率来衡量节点扩散信息的能力，用平均传染率来表示单位时间内感染者个数的变化情况。在此基础上，利用传染病模型和计数过程对信息的扩散过程进行建模，并给出了机会路由的三种性能指标：传输延时、投递率、转发代价之间的关系。理论分析与实验结果验证了所提模型的正确性、有效性。该模型为评价、设计机会路由算法提供了理论支撑。在后续章节中，围绕获取的节点社会性信息，从社会度量、社会关系以及社区结构三个层面，分析如何在数据转发代价、传输延时与投递率之间取得一个比较好的折中，提高机会路由算法的性能。

参 考 文 献

[1] Vahdat A, Becker D. Epidemic Routing for Partially Connected Ad Hoc Networks. Durham North Carolina: Duke University, 2000.

[2] Henderson T, Kotz D, Abyzov I. The changing usage of a mature campus-wide wireless network//The 10th ACM MobiCom Annual International Conference on Mobile Computing and Networking, Philadelphia, 2004.

[3] McNett M, Voelker G. Access and mobility of wireless PDA users. Mobile Computing and Communications Review, 2005, 9(2): 40-55.

[4] Natarajan A, Motani M, Srinivasan V. Understanding urban interactions from bluetooth phone contact traces//The 8th Passive and Active Measurement Conference, Louvain-la-neuve, 2007.

[5] Lee K, Hong S, Kim S. SLAW: a mobility model for human walks//The 28th IEEE International Conference on Computer Communications, Rio de Janeiro, 2009.

[6] Rhee I, Shin M, Hong S, et al. On the levy-walk nature of human mobility//The 27th IEEE International Conference on Computer Communications, Phoenix, 2008.

[7] Kephart J O, White S R. Measuring and modeling computer virus prevalence//The IEEE Computer Society Symposium on Research in Security and Privacy, Oakland, 1993.

[8] Mickens J, Noble B. Modeling epidemic spreading in mobile environment//The 6th ACM Workshop on Wireless Security International Conference, New York, 2005.

[9] Zou C, Towsley D, Gong W. On the performance of internet worm scanning strategies. Elsevier Journal of Performance Evaluation, 2006, 63(7): 700-723.

[10] Shah D, Zaman T. Finding rumor sources on random graphs. arXiv:1110.230.

[11] Shah R C, Roy S, Jain S, et al. Data MULEs: modeling and analysis of a three-tier architecture for sparse sensor networks. Ad Hoc Networks, 2003, 1(2-3): 215-233.

[12] Karp R, Schindelhauer C, Shenker S, et al. Randomized rumor spreading// Proceedings 41st Annual Symposium on Foundations of Computer Science, Redondo Beach, 2000.

[13] Small T, Haas Z. The shared wireless infostation model-a new ad hoc networking paradigm//The 4th ACM International Symposium on Mobile Ad Hoc Networking and Computing, Annapolis, 2003.

[14] Haas Z, Small T. A new networking model for biological applications of ad hoc sensor networks. IEEE/ACM Transactions on Networking, 2006, 14(1): 27-40.

[15] Zhang X, Neglia G, Kurose J, et al. Performance modeling of epidemic routing. Computer Networks, 2007, 51(10): 2867-2891.

[16] Spyropoulos T, Turletti T, Obraczka K. Routing in delay-tolerant networks comprising heterogeneous node populations. IEEE Transactions on Mobile Computing, 2009, 8(8): 1132-1147.

[17] Panagakis A, Vaios A, Stavrakakis I. On the performance of two-hop message spreading in DTNs. Ad Hoc Networks, 2009, 7(6): 1082-1096.

[18] Altman E, Basar T, Pellegrini F Optimal monotone forwarding policies in delay tolerant mobile ad-hoc networks. Performance Evaluation, 2010, 67(4): 299-317.

[19] Kong Z, Yeh E. On the latency for information dissemination in mobile wireless networks// The 4th ACM International Symposium on Mobile Ad Hoc Networking and Computing, Hong Kong, 2008.

[20] Jacquet P, Mans B, Rodolakis G. Information propagation speed in mobile and delay tolerant networks//The 28th IEEE International Conference on Computer Communications, Rio de Janeiro, 2009.

[21] Jacquet P, Mans B, Rodolakis G. Broadcast delay of epidemic routing in intermittently connected networks//The IEEE International Symposium on Information Theory, Seoul, 2009.

[22] Klein D, Hespanha J, Madhow U. A reaction-diffusion model for epidemic routing in sparsely connected MANETs//The 29th IEEE International Conference on Computer Communications, San Diego, 2010.

[23] Groenevelt R, Nain P, Koole G. The message delay in mobile ad hoc networks. Performance Evaluation, 2005, 62(1-4): 210-228.

[24] Yoon J, Liu M, Noble B. Random waypoint considered harmful//The 22nd IEEE International Conference on Computer Communications, San Francisco, 2003.

第5章 移动机会网络中基于节点社会度量的路由算法

考虑到节点在网络中的社会地位不同，以及节点之间的相似度不同，相关工作主要围绕节点的社会度量展开研究，提出了一些基于节点社会度量的数据转发策略。这些策略采取传统的社会网络分析方法计算节点的中心度和相似度，由于没有考虑节点接触的瞬时性和网络拓扑的间断性等特点，传统方法很难直接应用在移动机会网络环境中。本章利用一些稳定的社会属性来量化网络节点的中心度和相似度。通过对现实世界中人类移动轨迹的研究，发现存在两类现象：一类是人类的移动形成公共热点区域，另一类是形成私人热点区域。基于此，本章提出了一种热点熵的数据转发机制Hotent。首先，Hotent 使用公共热点区域和私人热点区域的相对熵来计算节点的中心度；其次，利用两个节点各自私人热点区域的反对称熵（inverse symmetrized entropy）评价它们的相似度；接下来，基于节点私人热点区域的熵计算其个性；最后，使用万有引力定律将上述三种社会度量进行整合。实验结果表明，Hotent 显著提高了数据传输效率，同时保持较低的算法复杂度。

5.1 引　言

近年来，随着各种便携式设备（如智能手机等）的迅速普及，如何有效地向这些设备分发数据/消息引起了研究人员的广泛关注。常规的方法是由服务提供商通过蜂窝网络来完成数据分发，但由于大量的流量需求，这种方式会造成蜂窝网络基础设施超载，导致网络拥塞。为了解决这个问题，最近的工作提出利用节点移动性所形成的机会式接触，对于一些占用大量带宽，但延时不太敏感的业务（如音乐、视频、电子书下载等）进行部分的数据卸载[1]，以便缓解移动互联网产生的数据流量对骨干网络带来的压力。具体来说，当一个移动用户与一个接入点建立连接后，该用户从服务提供商下载并备份这些数据，然后通过机会转发的方式在设备之间共享这些数据。

数据备份与转发技术可以有效地降低蜂窝骨干网络的流量，但同时对于资源受限的便携式设备，也加重了它们的负载。如何设计高效的数据转发策略以便更好地利用有限的存储资源和网络带宽，是移动机会网络迫切需要解决的关键性问题。考虑到便携式设备具有的社会性信息（节点中心度及相似度等），研究人员提出了一些面向节点中心度、相似度的数据转发策略[2-5]。其中，文献[2]、[3]研究了节点中心度对机会路由算法性能的影响，文献[4]、[5]则基于节点之间的相似度选择中继。虽然这些方法在一定程度上可以改善数据投递的效率，但仍然存在一些问题。第一个问题是大部分工作对节点中心度和相似度分开研究，没有联合考虑节点中心度、相似度对路由性能的影响，导致数据投递率不高。第二个问题是计算节点中心度的方法需要获取网络的全局性信息，无法满足分布式的机会转发需求，实用性不强[6-8]。第三个问题是没有考虑节点自身的移动模式对机会路由性能的影响，降低了数据传输的时效性。

在对五类数据集进行分析之后，发现日常生活中人们经常在一些相对固定的区域之间往返，人们的移动模式具有明显的自相似性。能否利用节点移动模式的自相似性来估计节点在网络中的中心度及节点之间的相似度？基于上述考虑，提出了一种融合节点中心度、相似度、个性的机会路由算法 Hotent。在移动模式的挖掘方面，Hotent通过对节点访问系统内不同区域的情况进行统计，挖掘节点的频繁移动模式。在此基础上，将整个网络系统抽象为一个超级节点，通过对单个节点移动模式的叠加，识别该超级节点的移动模式（称为系统的移动模式）。利用获取的两类移动模式，结合信息熵理论量化节点中心度、相似度及个性，然后基于万有引力公式对这三种度量进行融合，最后基于候选节点对路由性能的实际增益情况来选择中继。

5.2　社会度量相关工作回顾

在面向节点社会度量的机会路由算法方面，目前主要分为三类：①基于节点中心度的路由算法；②基于相似度的路由算法；③融合节点中心度和相似度的路由算法。

在基于节点中心度的路由算法方面，主要思路是基于不同的量化节点中心度的方法，选择中心度高的节点作为中继参与数据转发。文献[3]利用传统社会化网络分析方法中的中介中心度来量化节点的中心度，文献[9]考虑到节点的邻居对节点在网络中社会地位的影响，利用 PageRank 算法[10]来估计节点的中心度。文献[11]研究了节点中心度与节点自私性之间的关系，提出了一种满足节点自私性需求的路由算法。文献[12]对节点中心度的可预测性进行研究，通过对节点之间的交互行为进行分析，观察到节点中心度是可预测的。文献[13]基于固定步长的 RandomWalk，提出了一种量化节点中心度的方法，降低了传统方法的计算复杂度，但由于节点需要周期性地发送 beacon 报文，通信负载仍然很重。文献[2]对基于节点中心度策略的不公平性问题进行研究，提出了一种满足公平与转发效率的路由算法 PFA。

在基于节点相似度的路由算法方面，文献[5]、[14]利用用户的个人信息（姓名、居住地、国籍、语言、爱好等）来量化用户之间的社会距离。通过将数据包转发给与目的节点在"社会距离"上更近的节点来提高数据传输效率。文献[15]提出了一种基于节点接触位置路由算法。通过把节点相似度的计算转换为一个 n 维空间内的位置匹配问题，从而选择那些与目的节点匹配度高的节点参与数据转发。

在融合节点中心度和相似度的路由算法方面，利用 ego 网络技术[16]计算节点中心度和相似度。然后将二者融合为单一的 SimBet 度量来选择中继节点，但在计算 SimBet 值的过程中，仅对节点中心度和相似度分配相同的权重，没有分析两种指标在数据转发过程中所起作用的不同之处，导致数据传输效率不高。此外，由于采用邻接矩阵来量化节点中心度和相似度，SimBet 算法的复杂度仍然很高。

5.3　Hotent 算法架构及预备知识

5.3.1　Hotent 算法架构

图 5-1 显示了 Hotent 算法架构。它主要包括三方面内容：①系统以及节点移动模式的挖掘；②节点中心度、相似度、个性的量化；③三种指标权重的融合。5.4 节将对上述三方面的内容进行详细讨论。

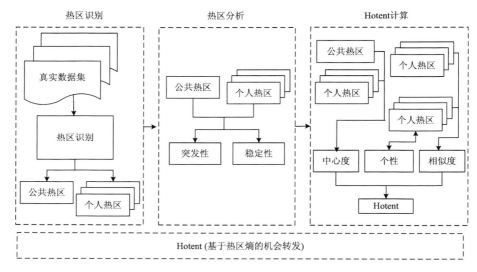

图 5-1　Hotent 算法架构

5.3.2　预备知识

停留点：三元组（x,y,t）表示一个停留点 P_{xy}^t，其中 x,y 表示位置坐标，t 记录用户到达该位置的时刻。停留点代表一个节点在一段时间内一直停留在某个位置，如图 5-2(b)所示。需要指出的是，这里有两类停留点，第一类是一个节点一直待在某个位置，第二类是一个节点在一段时间围绕该停留点在小范围内不停移动。在文献[17]中，节点停留的时长设置为 30s，节点的移动半径为 5m。文献[18]提出了一种停留点的检测方法。

移动轨迹：节点 i 的移动轨迹 Φ_T^i 是节点 i 的停留点按停留时刻进行排序后的集合，则 $\Phi_T^i = \left\{ P_{xy}^{t_j} \middle| \forall t_j \in [0,+\infty), t_j < t_{j+1} \right\}$，这里 t_j 表示第 j 次停留时刻。

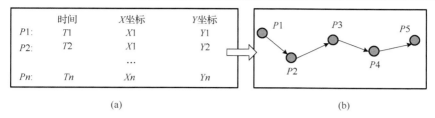

(a)　　　　　　　　　　　　　　(b)

图 5-2　移动轨迹及停留点

网格：感知区域划分为一个个网格，网格内的每个小方格的面积为 $d \times d$。

方格权重：每个方格的权重表示出现在该方格内的停留点的个数与全部停留点个数的比值。令 N 表示节点个数，$\Phi_T^{(i,j)}$ 表示第 i 个节点出现在第 j 个格子内的停留点，w_j 表示第 j 个格子的权重，则

$$w_j = \sum_{i=1}^{N} \frac{\left|\Phi_T^{(i,j)}\right|}{\left|\Phi_T^i\right|} \tag{5-1}$$

另外，令 $w_{p_i}^j$ 表示节点 i 出现在方格 j 内的频率，则

$$w_{p_i}^j = \frac{\left|\Phi_T^{(i,j)}\right|}{\left|\Phi_T^i\right|} \tag{5-2}$$

为了避免混淆，称 $w_{p_i}^j$ 为依附于节点 i 的第 j 个私人格子的权重。显然两类格子的权重满足可加性。假设整个系统一共划分为 K 个方格，则

$$\sum_{j=1}^{K} w_{p_i}^j = \sum_{j=1}^{K} \frac{\left|\Phi_T^{(i,j)}\right|}{\left|\Phi_T^i\right|} = \frac{\sum_{j=1}^{K}\left|\Phi_T^{(i,j)}\right|}{\left|\Phi_T^i\right|} = \frac{\left|\Phi_T^i\right|}{\left|\Phi_T^i\right|} = 1$$

类似地，可以得到 $\sum_{j \leq K} w_j = 1$。

公共热区：如果某个格子的权重超过 γ_1，则称为系统的公共热区。类似地，对于某个节点 i，如果它的某个私人格子的权重超过 γ_2，则称它为节点 i 的个人热区。

移动模式：在识别出系统的公共热区和节点的个人热区之后，下面分别用集合 $Y = \left\{ (l, w_l) \mid 1 \leq l \leq K \text{ 且 } w_l \geq \gamma_1 \right\}$ 和 $X_i = \left\{ (l, w_{p_i}^l) \mid 1 \leq l \leq K \text{ 且 } w_{p_i}^l \geq \gamma_2 \right\}$ 表示系统的移动模式和节点 i 的移动模式。其中，二元组 (l, w_l) 表示系统的第 l 个方格被所有节点访问的频率，二元组 $(l, w_{p_i}^l)$ 表示节点 i 自身访问第 l 个方格的频率。显然，上述两类移动模式忽略了节点访问普通区域（即不是系统的公共热区也不是个人热区）的情况，5.4.4 节讨论了这些普通区域对算法性能的影响。

中心度队列：假定每个节点 i 携带一个中心度队列 L_i 来存放自身和其他节点中心度。

相似度矩阵：假设每个节点 j 携带一个相似度矩阵 $\boldsymbol{S}^j_{N \times N}$ 来存放节点之间的相似度，该矩阵对角线上元素的值设为 1，表示每个节点和自己有最高的相似度。

5.4　Hotent 算法设计过程

5.4.1　节点移动模式的挖掘

下面利用 KAIST 等五类数据集，对节点的移动模式进行挖掘。这些数据集广泛应用于无线网络的多个研究领域。文献[17]对这些数据集中节点之间的接触时长以及间隔时长进行分析，发现它们服从截尾的帕累托分布。文献[19]、[20]基于上述数据集分别对缓冲区管理以及定位问题进行研究。表 5-1 总结了这五类数据集的主要特征。

表 5-1　数据集的统计信息

数据集	轨迹个数	面积/km²	开始时间	结束时间
KAIST	92	32.7×32.4	2006-09-26	2007-10-03
NCSU	35	14.6×16.3	2006-08-26	2006-11-16
New York	39	31.5×32.2	2006-10-23	2008-04-18
Orlando	41	24.5×17.9	2006-11-19	2008-01-09
State fair	19	1.47×1.02	2006-10-24	2007-10-21

热区识别是数据挖掘中的一个传统研究领域[21-23]。给定一系列的停留点及网络区域大小，热区识别可以视为一个目标聚类问题。也就是说，如果把每个停留点看成网络内的一个节点，每个热区看成一个社区，那么可以应用 Newman 等的加权网络分析方法来对停留点进行聚类[23]。然而，该方法不适合本章涉及的情况，这主要是因为加权网络分析方法适合于稳定拓扑，以及它的时间和空间复杂度都很高，而本章使用的五类数据集中包含大量的停留点（总数达到几十万个）。基于上述考虑，下面利用 Hurst 参数对热区进行识别。Hurst 参数是测量时间序列突发性的一种常用工具。如果移动轨迹的 Hurst 参数大于 0.5，则称该移动轨迹具有突发性（即自相似性）。

为了计算 Hurst 参数，首先把部署区域划分为许多等面积的小方格，每个方格的面积为 $d \times d$。然后利用式（5-1）来计算每个方格的权重。在此之后，用聚合方差法计算这些权重的绝对坡度 φ，则 Hurst 参数 H 的值是 $1 - \varphi / 2$。需要指出的是，在上述计算 Hurst 参数的过程中，需要考虑每个小方格的面积对计算结果的影响。如果每个方格的面积过大，则有可能把原来的一些普通区域合并为一个大的热区，如果每个方格的面积过小，则有可能把一个原来的热点区域分割成许多普通的区域。也就是说，格子的面积直接影响每个格子的权重（格子内的停留点个数随着格子面积的增大而增大），进而间接影响 Hurst 参数的值。考虑到 Hurst 参数反映的是节点移动轨迹的自相似性，Hurst 参数的值越大，说明节点的移动自相似性越高。所以自然地可以利用最大的 Hurst 参数反过来确定方格的面积。下面对上述情况进行形式化的描述。

令 D 表示格子边长 d 的集合，H 表示 Hurst 参数，函数 f 表示由 D 到 H 的映射，即 $f:D \rightarrow H$，那么一定存在 $d_{\text{exact}} \in D$，使得 $h_{\max} = \max(f)(h_{\max} \in H)$。算法 5-1 对上述过程进行表述。

算法 5-1　最大 Hurst 参数

Algorithm5-1　Hurst 参数最大值
1：输入：一系列停留点及部署区域的面积 $a \times a$
2：输出：最大 Hurst 参数的值
3：D 置为空集，H 置为空集
4：for d=初值；$d \leq a/2$；$d=d$+step do
5：　　W 置为空集
6：　　dividingGrids(d)
7：　　for 每一个方格 i do
8：　　　　w_i=computingWeight(i)
9：　　　　$W = W \cup w_i$
10：　　end for
11：　　聚合方差法(W)
12：　　计算坡度 φ，计算 Hurst 参数 h
13：　　$H = H \cup \{h\}, D = D \cup \{d\}$
14：end for
15：$h_{\max}$=max(H)

图 5-3 显示了 KAIST 和 NCSU 两类数据集展现的自相似性与格子边长之间的关系。可以明显看到，格子边长的大小对 Hurst 参数的值有很大影响。例如，在 KAIST 中（图 5-3(a)），Hurst 参数的最小值为 0.45，而最大值为 0.7。因此，如果随意对网格进行划分，那么将不能很好反映节点移动轨迹的自相似性，进而不能正确地识别系统的热区。

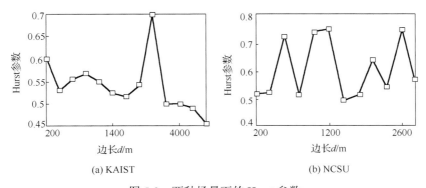

(a) KAIST　　　　　　　　　　　(b) NCSU

图 5-3　两种场景下的 Hurst 参数

在确定了网格的划分之后，可以用式（5-1）和式（5-2）来识别系统的公共热区以及每个节点的个人热区。考虑到在移动机会网络中，节点很难获得全局性知识，本章用式（5-2）来计算每个节点私人格子的权重，进而选择前 k 个权重最大的格子作为它的个人热区。对于公共热区，每个节点通过交换各自的个人热区的权重来进行在线识别。下面对节点收集其他节点的个人热区所花费的时间进行分析。假定两个节点之间只需交换一次，则整个交换过程可以用一个倒二叉树表示，如图 5-4 所示，其中 L 表示树的深度。节点共需交换 $L-1=\log_2 N$ 次。设节点之间接触的间隔频率为 $1/\beta$，则所花费的时间为 $\log_2 N/\beta$。考虑到节点之间可以重复交换多次，可以得到 $\log_2 N/\beta$ 为节点花费时间的一个上界。

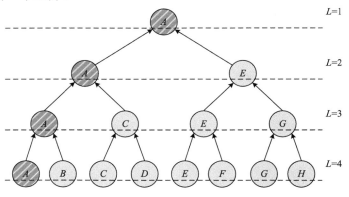

图 5-4　个人热区交换过程

下面对热区的自相似性及稳定性进行分析。图 5-5 显示了 KAIST 和 NCSU 的公共热区分布情况。可以看到在这两种场景下，人们的日常活动都具有明显的自相似性，人们经常在一些固定的区域之间往返，造成在这些区域内人的社会活动非常频繁[24]，而其他区域则很少被访问。与公共热区的分布情况非常类似，单个节点的个人热区分布也同样具有自相似性。图 5-6 显示了 NCSU 场景中随机选取的两个节点的个人热区分布情况（其他四种场景具有类似的情况，在此不再赘述）。可以看到，少数的几个"巨大"的热区主导了用户的日常移动情况。例如，ID 等于 9 的用户几乎只在一个区域内活动（其权重占到了 90% 以上），而 ID 等于 29 的用户频繁往返于几个区域之间。用户的日常活动具有明显的自相似性，同时不同用户之间的移动模式也不尽相同。上述现象为度量节点中心度、相似度提供了事实依据。

为了验证热区的稳定性，在实验阶段，设置 19 个时间间隔相等的观察点记录热区的变化情况。在每一个观察点，计算热区的稳定性：$\left| H_i^j = H_{i+1}^j \right| / |H_i|$。这里 $\left| H_i^j = H_{i+1}^j \right|$ 表示在相邻的两个观察点内次序不变的热区个数（即在第 i 个观察点，某个热区排在第 j 位，在第 $i+1$ 个观察点，该热区仍然是第 j 个热区），H_i 表示在第 i 个观察点前 k 个热区的个数。图 5-7(a)显示了 $k=4,6$ 时所有个人热区的平均变化情况。可以看到，在大部分观察点，前 k 个热区基本保持稳定。接下来进一步分析热区的权重变化：$\left| w_{i+1}^j - w_i^j \right|$。

这里 w_i^j 表示在第 i 个观察点第 j 个热区归一化之后的权重。图 5-7(b)显示了最大热区和次大热区在不同观察点的权重变化情况，可以看到热区权重的变化在 3%以内。该现象充分说明前 k 个热区的权重仍然保持稳定。

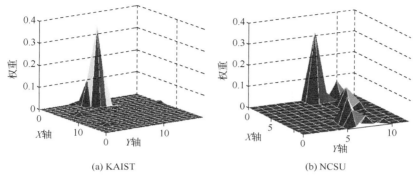

图 5-5　两种场景下的公共热区分布

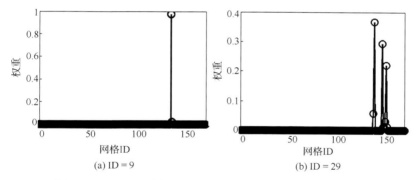

图 5-6　NCSU 下随机选取的两个节点的个人热区分布情况

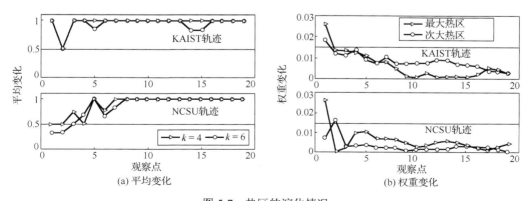

图 5-7　热区的演化情况

5.4.2　三种指标的量化

本节讨论节点中心度、相似度及个性的量化表示。首先讨论相关工作中的节点中心度的量化问题。节点中心度表示节点在网络中的社会地位。一个中心度高的节点，意味着它有更多的机会接触其他节点。Freeman 提出了三种量化节点中心度的方法：节点的度、接近中心度和中介中心度[25]。

节点的度指的是节点一跳邻居的个数，它反映了节点和它一跳邻居的直接关系。某个节点的度越大，意味着它可以直接接触更多的节点。节点 i 的中心度可以用度表示为

$$C_D^i = \sum_{j=1, j \neq i}^{N} p_{ij} \qquad (5\text{-}3)$$

式中，$p_{ij} = 1$ 表示节点 j 是节点 i 的一个邻居。需要指出的是，由于节点的邻居个数在网络中是时变的，直接计算节点的度非常困难。一个可选的方法是通过设置一个时间窗口，只统计在该时间窗口内节点的邻居个数，然而如何界定时间窗口的宽度仍然不是一件容易的事情。

接近中心度用来衡量一个节点到达其他节点的最近距离，它从一个侧面反映了该节点在网络中的相对物理位置。一个在网络边缘的节点距离其他节点较远，而一个居于网络中心的节点则距离其他节点较近。Freeman 用节点 i 到其余节点之间的最短距离的和的倒数来反映节点 i 的接近中心度：

$$C_C^i = \frac{N-1}{\displaystyle\sum_{j=1, j \neq i}^{N} d(i,j)} \qquad (5\text{-}4)$$

式中，$d(i,j)$ 表示节点对 (i,j) 之间的最短路径长度。显然，在时变环境中，由于节点之间链路的动态变化，很难获得 $d(i,j)$ 的准确值。同时，计算最短路径的算法，时间复杂度也较高。

中介中心度一般用该节点出现在其他节点对最短路径上的次数来表示。中介中心度从另一个侧面反映了该节点在网络中的相对逻辑位置。一个中介中心度大的节点意味着将有较多的数据流经过该节点。节点 i 的中介中心度表示为

$$C_B^i = \sum_{j=1}^{N} \sum_{k=1}^{N} \frac{g_{jk}(i)}{g_{jk}} \qquad (5\text{-}5)$$

式中，g_{jk} 表示节点 j,k 之间的最短路径的总数；$g_{jk}(i)$ 表示在这些最短路径中，节点 i 参与的次数。显然，与接近中心度类似，节点的中介中心度也很难获得，同时计算中介中心度的算法复杂度更高。例如，文献[4]中使用邻接矩阵 $\boldsymbol{A}$ 表示节点之间的接触。如果两个节点在过去的时间内发生过接触，则其值 $\boldsymbol{A}_{ij} = 1$，否则为 0。基于该邻接矩

阵，节点的中介中心度可以近似表示为：$A^2[1-A]_{i,j}$。由于采用聚集窗口技术来记录节点的接触情况，每个节点携带的邻接矩阵随着时间的推移而出现同质化现象，图 5-8 显示了这种情况（图中黑色区域表示 0，白色区域表示 1）。可以看出，随着时间的延长，越来越多的节点之间至少存在一次接触，从而使得 A 中元素的值由 0 改变为 1。这样，由于每个节点计算出的中心度趋于一致，节点之间社会地位的差异性就无法有效地体现出来，在数据转发的过程中，算法趋向于随机转发策略。另外，如果采用文献[3]的滑动时间窗口技术，那么关于如何确定最优窗口大小的争论则随之而来。

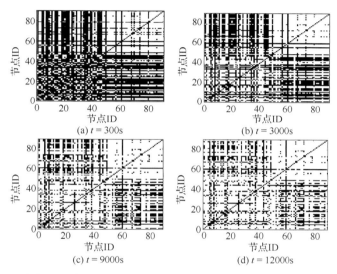

图 5-8　在不同时刻下，文献[4]中邻接矩阵的变化情况

接下来对传统的相似度的计算方法进行分析。相似度反映了两个节点之间的共同属性。社会学上有一种描述现实生活中朋友关系的社会平衡理论，也就是说，如果两个人之间有一个或多个共同的朋友，那么他们之间成为朋友的可能性也较大。两个节点之间的共同朋友个数在数据转发过程中起着重要作用。这是因为朋友之间的频繁接触显然有助于加快数据的扩散速度。两个人之间的共同朋友越多，他们之间接触的机会也就越多。为了识别节点的朋友关系，传统方法是分析两个节点的共同爱好。例如，文献[26]利用用户邮件列表中出现的共同联系人的个数来评价用户之间的联系程度，文献[27]通过分析用户博客中的共同链接对象来评估用户之间的共同兴趣。显然，与计算节点中心度时的情况类似，在时变环境中，很难以一种分布式的方法来获取节点之间的上述共同属性。

基于 5.4.1 节获得的节点及系统的移动模式，下面结合信息熵理论来量化节点中心度以及相似度。信息熵表示一个网络系统的混乱或随机程度。如果一个网络系统的信息熵为 0，则称该系统处于一个平衡状态。另外，网络系统的信息熵越大，说明该网络系统的随机性就越强[28]。考虑到信息熵理论在处理随机性问题方面的优势，这里用节点移动模式的熵来表示节点的移动性，用两个节点移动模式的反对称熵来评价节点之间的相似度，用节点的移动模式与系统的移动模式之间的相对熵来估计节点中心度。

相对熵又称为 K-L 散度，它可以用来区别两个随机变量之间的差异性。如果两个随机变量的相对熵为 0，则说明这两个随机变量具有相同的分布。这里用相对熵来估计节点中心度，主要是考虑到如果某个节点 i 的移动模式 X_i 与系统的移动模式 Y 具有相同的分布情况，则说明该节点经常往返于系统的公共热区之间，自然地，节点 i 可以接触到更多的其他节点，节点 i 在网络中的地位就较高，显然这与节点中心度的含义在本质上是一致的。令 C_b^i 表示节点 i 的中介中心度，有

$$C_b^i = \left[\sum_{j=1}^{k} w_{p_i}^j \log_2 (w_{p_i}^j / w_j) \right]^{-1} \tag{5-6}$$

与式（5-4）和式（5-5）相比，式（5-6）的时间复杂度为 $\Theta(k)$，与网络中的节点个数无关，只与网络中的热区数目相关，算法在可扩展性方面具有明显的优势。

由于对数函数的特性，相对熵不具有对称性，即 X_i 相对于 X_j 的相对熵与 X_j 相对于 X_i 的相对熵并不相同。考虑到这一点，用反对称熵来计算节点之间的相似度。令 $\mathrm{Sim}(i,j)$ 表示节点之间的相似度，有

$$\mathrm{Sim}(i, j) = [\mathrm{Sim}(i / j) + \mathrm{Sim}(j / i)]^{-1} \tag{5-7}$$

式中，$\mathrm{Sim}(i/j)$ 表示节点 i 相对于节点 j 的相对熵，即 $\mathrm{Sim}(i / j) = \sum_{l=1}^{k} w_{p_i}^l \log_2 (w_{p_i}^l / w_{p_j}^l)$。

需要指出的是，在计算节点中心度与相似度的过程中，存在着两种不匹配的情况：第一种情况是单个节点的移动模式包含的个人热区有可能与系统的移动模式包含的公共热区不匹配；第二种情况是两个节点的个人热区有可能不匹配。而在式（5-6）和式（5-7）的计算过程中，需要个人热区与公共热区以及个人热区之间一一对应（避免出现分母为 0 的情况）。为了处理这种情况，需要对个人热区与公共热区以及两个节点的个人热区之间进行对齐。可以采用填充"虚拟热区"的方式来执行这种对齐操作，并分配一个非常小的权重给这些虚拟热区。例如，在图 5-9(a)中，user1 中存在一个人热区并不是系统的公共热区，所以需要在系统的公共热区内填充一个虚拟热区，在图 5-9(b)中，两个用户之间互相存在不匹配的热区，则各自填充对方相应的热区为自己的虚拟热区。

上述部分显示每个节点的运动模式具有独特性，本章用个性刻画节点运动的独特性。著名的心理学家 Allport 表示人的个性具有倾向性、复杂性、独特性及稳定性。由上述分析可知，节点的个人热区至少反映了这四种特性。因此，这里用节点个人热区的熵来评价节点的个性，如

$$\mathrm{Per}_i = -\sum_{l=1}^{k} w_{p_i}^l \log_2 w_{p_i}^l \tag{5-8}$$

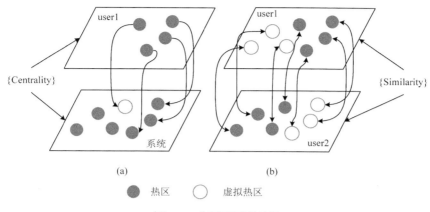

图 5-9　热区不匹配情况

由最大熵原理可知，如果某个节点以相同的概率访问各个热区，则其熵值最大。如图 5-10(a)所示，该节点的熵值为 $-\log_2 0.2 = 2.3219$，而另一节点的熵值为 1.1219。

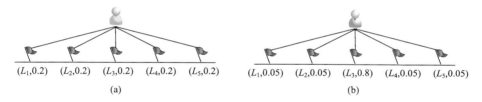

图 5-10　节点访问各个位置的频率

5.4.3　Hotent 算法

在对节点的上述三种指标进行量化之后，下一步需要把这三种指标转化为一种表示节点转发性能增益的度量 Hotent。算法 5-2 列出了两个节点 i, j 相遇时的数据转发过程。这里以节点 i 为例进行说明。当遇到节点 j 时，如果节点 j 是目的节点，则 i 将 m 转发给 j，完成数据投递，同时删除 m。如果 j 没有携带 m，则节点 j 计算自己到目的节点 d 的 Hotent 值并转发给节点 i，如果 $\text{Hotent}_{i,d} < \text{Hotent}_{j,d}$，则 i 将数据包 m 转发给 j。下面分析 Hotent 的计算过程。

考虑到节点中心度与物体质量以及节点之间相似度与物体之间距离的类比关系，本章用万有引力公式对上述三种度量进行融合。

$$\text{Hotent}_{i,j} = \text{Per}_i \times G \frac{C_b^i C_b^j}{\text{Sim}(i,j)^2} \tag{5-9}$$

式中，G 表示引力系数。

算法 5-2　Hotent

Algorithm 5-2　Hotent 节点 i 的操作过程
1：　当遇到节点 j 的时候
2：　for 节点 i 携带的任意一个数据包 m do
3：　　if $d==j$ then
4：　　　deliverMsg(m), remove(m)
5：　　else if j 没有携带 m
6：　　　$i \leftarrow$ Hotent$_{j,d}$
7：　　　isForwarding()//做出转发决定
8：　　end if
9：　end for
10：　　isForwarding()
11：　　if　Hotent$_{i,d}$<Hotent$_{j,d}$　then
12：　　　forwarding(m), remove(m)
13：　　end if

5.4.4　理论分析

在对节点的移动模式进行挖掘的过程中，节点的移动模式主要包括节点的个人热区，忽略了节点访问普通区域的情况，由此造成一些信息的丢失。本节分析这些损失的信息对算法性能的影响。

（1）对节点自身的移动模式的影响。假设节点 i 访问第 r 个普通格子 o_r 的频率是 $w_{p_i}^{o_r}$（一共有 $K-k$ 个这样的普通格子）。设 $\sum_{r \in [1,K-k]} w_{p_i}^{o_r} = \varepsilon$，则下面的引理 5-1 给出了普通格子对节点移动模式造成影响的上限。

引理 5-1　节点 i 在移动性方面损失信息的上限。令 $H(X_i)$ 表示节点 i 在移动性方面的损失，则

$$H(X_i) \leqslant \varepsilon \log_2[(K-k)/\varepsilon] \qquad (5\text{-}10)$$

证明：根据熵的定义，有 $H(X_i) = -\sum_{r \leqslant K-k} w_{p_i}^{o_r} \log_2 w_{p_i}^{o_r}$。由最大熵原理可知，当节点 i 访问所有普通格子的频率相同时，即 $w_{p_i}^{o_r} = \varepsilon/(K-k)$，$H(X_i)$ 具有最大值，则 $H(X_i) \leqslant -\sum_{r \leqslant (K-k)} \varepsilon/(K-k) \log_2[\varepsilon/(K-k)] = \varepsilon \log_2[(K-k)/\varepsilon]$。

（2）对节点中心度的影响。设 R_i 表示节点 i 中心度方面损失的信息。设 w_{o_r} 表示系统的普通格子的权重且 $\sum_{r \in [1,K-k]} w_{o_r} = \rho$，$H(Y)$ 表示这些普通格子对系统的移动模式造成的信息损失，则

$$R_i \leqslant \rho \log_2[(K-k)/\rho] \qquad (5\text{-}11)$$

证明：基于相对熵定义，有

$$R_i = \sum_{r \leqslant K-k} w_{p_i}^{o_r} \log_2(w_{p_i}^{o_r}/w_{o_r}) = \sum_{r \leqslant K-k}(w_{p_i}^{o_r} \log_2 w_{p_i}^{o_r} - w_{p_i}^{o_r} \log_2 w_{o_r})$$

$$= -H(X_i) + H(X_i, Y) \leqslant H(X_i) + H(Y) - H(X_i) = H(Y) \leqslant \rho \log_2[(K-k)/\rho]$$

式中，$H(X_i, Y)$ 表示节点的移动模式和系统的移动模式的联合信息熵。

（3）对节点之间相似度的影响。设 S_{ij} 表示节点 i, j 之间的相似度方面的损失信息。假定 $\sum_{r \in [1, K-k]} w_{p_j}^{o_r} = \delta$，这里 $w_{p_j}^{o_r}$ 表示节点 j 访问普通格子 o_r 的频率，则

$$S_{i,j} \leqslant \varepsilon \log_2 [(K-k)/\varepsilon] + \delta \log_2 [(K-k)/\delta] \qquad (5\text{-}12)$$

证明：由反对称熵的定义可知，$S_{i,j}$ 的值可以表示为

$$S_{i,j} = \sum_{r \leqslant K-k} [w_{p_i}^{o_r} \log_2 (w_{p_i}^{o_r} / w_{p_j}^{o_r}) + w_{p_j}^{o_r} \log_2 (w_{p_j}^{o_r} / w_{p_i}^{o_r})]$$
$$\leqslant -H(X_i) + H(X_i, X_j) - H(X_j) + H(X_j, X_i) \leqslant H(X_j) + H(X_i)$$

由引理 5-1 可知，式（5-12）成立。

由式（5-10）～式（5-12）可知，当上述三个参数 $\varepsilon, \rho, \delta$ 的取值非常小时，普通格子对节点的移动模式、中心度及相似度的影响是有限的。这与人们在现实生活中的活动情况是一致的（也与 5.4.1 节的分析相一致），即人们大部分时间待在一些固定的区域，访问其他区域的频率是非常低的。

5.5　实验结果与分析

5.5.1　仿真设置

本章利用 KAIST 和 NCSU 两类数据集对上述方案进行评价。在实验中，节点移动轨迹的前 1/10 被用于学习阶段，以收集足够多的停留点，从而识别和交换节点的热区。之后，每一个源节点随机选择一个节点作为目的节点，总共发送 1000 个数据包。节点通信范围为 250m，仿真结果是 50 次实验的平均值。

Hotent 与以下两种协议进行比较：①SimBet，一种基于 ego 网络的转发算法；②PeopleRank，使用 PageRank 算法估计节点中心度。评估指标如下。

累积的数据包投递率（cumulative packet delivery ratio，CPDR）：该指标表示在不同时间约束下的成功接收的数据包个数与发送的总数据包个数之间的比率。

平均交付延迟：虽然在机会网络中可以容忍一定的延迟，一个低的端到端延迟仍然是努力的方向，因为长时间的延迟意味着占用更多的系统资源。

平均跳数：移动机会网络中最小跳并不意味着最短延迟，因为延迟不仅取决于跳数的多少，每一跳的等待时间更是决定因素。然而，考虑到信道干扰和电池能量两个方面，需要尽量减少数据包转发的跳数，从而有助于减少信道干扰的概率和电池电量的消耗。

5.5.2　性能分析

图 5-11 说明了不同 TTL 下数据包投递率的变化情况。可以看到，Hotent 提高了两种情景下的 CPDR。与 SimBet 和 PeopleRank 相比，在 KAIST 下 Hotent 的投递性能分别增

加了 20% 和 35%，在 NCSU 下则分别增加了 10% 和 15%。这主要是由于 Hotent 融合了节点的个性，具有较高个性的节点经常徘徊在热点区域，增加了遇到目的节点的概率。

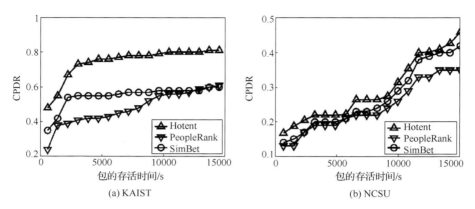

(a) KAIST

(b) NCSU

图 5-11　两种场景下的投递率

图 5-12 显示 Hotent 在平均传输延迟（mean delivery delay，MDD）上仍具有较高的竞争力。由图 5-11 可知，它投递了比 SimBet 和 PeopleRank 更多的数据包。与 PeopleRank 相比，在 KAIST 环境下，数据包的传输延时减少了 2/3，即使在 NCSU 这一非常稀疏的场景，仍然有将近 20% 的改善。与 SimBet 相比，Hotent 在较大的 TTL 条件下取得了几乎最优的性能（图 5-12(a)），在 NCSU 下，传输延时减少了约 50%。这主要是因为 SimBet 使用聚焦时间窗口技术来识别节点之间的连接。因此，节点邻接矩阵中的元素将很快同质化。其结果是节点的异质性将不能得到很好的体现，使得 SimBet 倾向于随机转发消息。随机游走模型在连接性较好的环境下性能较优，但它不适合节点稀疏的情形。

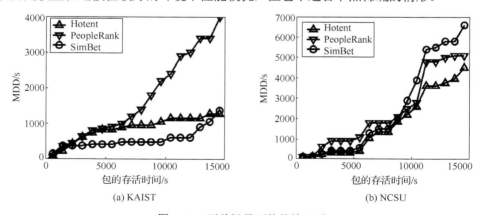

(a) KAIST

(b) NCSU

图 5-12　两种场景下的传输延时

图 5-13 表示每个数据包的平均跳数。同样地，Hotent 算法优于其他两种方案。例如，利用 Hotent 算法，两种场景下每个数据包的平均跳数分别是 1 和 6，而 PeopleRank

和 SimBet 下的平均跳数分别接近于 10 和 36。最长路径这一缺陷恰恰反映了 SimBet 的同质化问题。

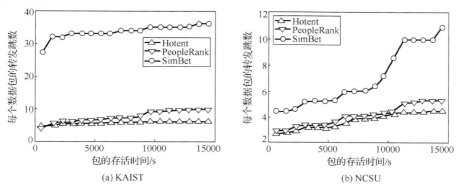

（a）KAIST　　　　　　　　　　（b）NCSU

图 5-13　两种场景下的跳数

5.5.3　不同中心度度量的精确性

本节研究不同的中心度度量的精确性问题。总体来说，包括如下三个步骤：首先，通过热点熵、度、中介中心性等方法计算出节点中心度；然后，选取前 $x\%$ 的节点作为中心或流行节点；最后，分析移除这些中心节点对信息扩散速度的影响。这样，通过比对可以间接地发现那些真正影响扩散速度的节点。从图 5-14 中可以看出，通过热点熵计算得到的中心节点对信息扩散的影响最大。如果在 KAIST 数据集中移除这些节点，那么信息扩散延迟将会增长约 30%，同样，如果在 NCSU 数据集中移除这些节点，那么延迟也会有大约 20% 的增长。该结果证明了热点熵度量的精确性。另外，实验中还观察到一个有趣的现象，经典的中介中心性节点并没有表现出预期的结果，尽管它具有最高的时间复杂度。这主要是因为中介中心性节点需要提前收集最短路径，但是源节点与目的节点之间的最短路径在移动机会网络中具有时变性，并且计算最短路径十分耗时，所以没有达到预期的实验结果。

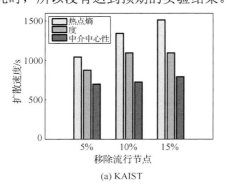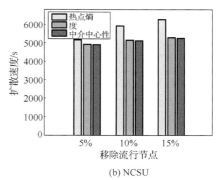

（a）KAIST　　　　　　　　　　（b）NCSU

图 5-14　当 x 分别等于 5，10，15 时，移除中心节点对信息扩散速度的影响

5.5.4　不同相似度度量的精确性

本节探讨不同相似度度量的精确性。这里首先以反对称熵和余弦定理两种方法计算节点之间的相似度。然后使用得到的相似度来确定中继节点，最后以平均投递延迟和代价（每个消息的平均备份数/节点总数）的变化来分析它们的性能。图 5-15 表示的是这两个不同的相似度度量平均投递延迟最终的变化趋势。当数据包存活时间较短时，反对称熵计算的相似度性能较好一些。当延长存活时间后，余弦定理度量的平均延时略有提升。图 5-16 则反映了两种度量下的代价情况。显而易见，反对称熵度量相比余弦定理度量显著减低了传输代价。在 KAIST 中，反对称熵降低了 87.5% 的转发代价，同样，在 NCSU 中代价降低了 80%。以上结果验证了反对称熵度量在投递延迟和代价方面具有较好地权衡，能够精确地定义节点之间的关系。

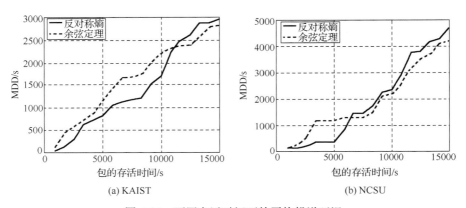

(a) KAIST　　　　　　　　　　(b) NCSU

图 5-15　不同存活时间下的平均投递延迟

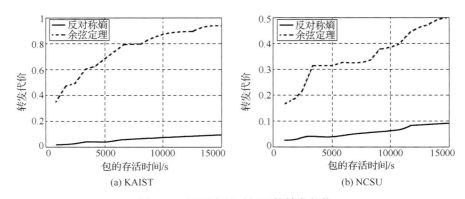

(a) KAIST　　　　　　　　　　(b) NCSU

图 5-16　不同存活时间下的转发代价

5.6　本　章　小　结

本章从移动机会网络节点的层面研究了节点中心度、相似度及个性对机会路由性能的影响，提出了一种融合节点社会度量的机会路由算法。针对传统路由算法中存在的计算复杂度高、算法可扩展性差等问题，结合节点的移动模式以及系统的移动模式，本章首先提出了一种新的计算节点中心度、相似度及个性的方法，显著降低了量化节点中心度以及相似度的算法复杂度。在此基础上，利用万有引力公式对节点的三种社会度量进行融合。理论分析及实验结果验证了所提算法的正确性、有效性。

参 考 文 献

[1]　Han B, Hui P, Anil Kumar V, et al. Cellular traffic offloading through opportunistic communications: a case study//The ACM MobiCom Workshop on Challenged Networks, Chicago, 2010.

[2]　Mtibaa A, Harras K. Fairness-related challenges in mobile opportunistic networking. Computer Networks, 2013, 57(1): 228-242.

[3]　Hui P, Crowcroft J, Yoneki E. Bubble rap: social-based forwarding in delay tolerant networks. IEEE Transactions on Mobile Computing, 2011, 10(11): 1576-1589.

[4]　Daly E, Haahr M. Social network analysis for routing in disconnected delay-tolerant MANETs//The 8th ACM International Symposium on Mobile Ad Hoc Networking and Computing, Montreal, 2007.

[5]　Boldrini C, Conti M, Passarella A. Exploiting users' social relations to forward data in opportunistic networks: the HiBOp solution. Pervasive and Mobile Computing, 2008, 4(5):633-657.

[6]　Hossmann T, Spyropoulos T, Legendre F. Know the neighbor: towards optimal mapping of contacts to social graphs for DTN routing//The 29th IEEE International Conference on Computer Communications, San Diego, 2010.

[7]　Gao L, Li M, Bonti A, et al. Multi-dimensional routing protocol in human associated delay-tolerant networks. IEEE Transactions on Mobile Computing, 2013, 12(11): 2132-2144.

[8]　Wang Y, Yang W, Wu J. Analysis of a hypercube-based social feature multi-path routing in delay tolerant networks. IEEE Transactions on Parallel and Distributed Systems, 2013, 24(9): 1706-1716.

[9]　Mtibaa A, May M, Diot C, et al. PeopleRank: social opportunistic forwarding//The 29th IEEE International Conference on Computer Communications, San Diego, 2010.

[10]　Brin S, Page L. The anatomy of a large-scale hypertextual web search engine. Computer Networks and ISDN Systems, 1998, 30(1-7): 107-117.

[11]　Gao W, Cao G. User-centric data dissemination in disruption tolerant networks//The 30th IEEE International Conference on Computer Communications, Shanghai, 2011.

[12]　Han B, Srinivasan A. Your friends have more friends than you do: identifying influential mobile

users through random walks//The 13th ACM International Symposium on Mobile Ad Hoc Networking and Computing, South Carolina, 2012.

[13] Meoa P, Ferrara E, Fiumara G. A novel measure of edge centrality in social networks. Knowledge-Based Systems, 2012, 30: 136-150.

[14] Jahanbakhsh K, Shoja G, King V. Social-greedy: a socially-based greedy routing algorithm for delay tolerant networks//The 2nd International Workshop on Mobile Opportunistic Networking, Pisa, 2010.

[15] Leguay J, Friedman T, Conan V. Evaluating mobility pattern space routing for DTNs//The 25th IEEE International Conference on Computer Communications, Barcelona, 2006.

[16] Marsden P. Egocentric and sociocentric measures of network centrality. Social Networks, 2002, 24(4): 407-422.

[17] Rhee I, Shin M, Hong S, et al. On the levy-walk nature of human mobility//The 27th IEEE International Conference on Computer Communications, Phoenix , 2008.

[18] Li Q, Zheng Y, Xie X, et al. Mining user similarity based on location history//The 16th ACM SIGSPATIAL International Conference on Advances in Geographic Information Systems, California, 2008.

[19] Kayeevivitchai S, Esaki H. Independent DTNs message deletion mechanism for multi-copy routing scheme//The 6th Asian Internet Engineering Conference, Bangkok, 2010.

[20] Rallapalli S, Qiu L, Zhang Y, et al. Exploiting temporal stability and low-rank structure for localization in mobile networks//The 16th Annual International Conference on Mobile Computing and Networking, Chicago, 2010.

[21] Ng R T, Han J. Clarans: a method for clustering objects for spatial data mining. IEEE Transactions on Knowledge and Data Engineering, 2002, 14(5): 1003-1016.

[22] Pietilainen A, Diot C. Dissemination in opportunistic social networks: the role of temporal communities//The 13th ACM International Symposium on Mobile Ad Hoc Networking and Computing, South Carolina, 2012.

[23] Newman M, Girvan M. Finding and evaluating community structure in networks. Physical Review E, 2004, 69(2): 026113.

[24] Barabasi A, Albert R. Emergence of scaling in random networks. Nature, 1999, 286: 509-512.

[25] Freeman L. Centrality in social networks conceptual clarification. Social Networks, 1979: 215-239.

[26] Adamic L, Adar E. How to search a social network. Social Networks, 2005, 27(3): 187-203.

[27] Fukuhara T, Murayama T, Nishida T. Analyzing concerns of people from weblog articles. Artificial Intelligence Society, 2007, 22(2): 253-263.

[28] Anand K, Bianconi G. Entropy measures for networks: toward an information theory of complex topologies. Physical Review E, 2009, 80(4), 045102.

第6章 基于节点社会关系的机会路由策略

由于链路的间歇式连通以及很难获取网络全局知识，移动机会网络中的数据转发面临着更大的挑战。在目前的机会路由算法中，大部分工作采取一种贪婪的转发策略，也就是说，在数据包的转发过程中，参与转发的节点效用值变得越来越高。当前工作普遍缺乏对 Epidemic 算法最短路径特征进行深入分析。由于 Epidemic 算法具有最优的传播延时（即延时的下限）和最重的路由负载（即负载的上限），分析 Epidemic 算法最短路径的特征对于设计高效的机会路由算法至关重要。基于上述考虑，本章通过观察 Epidemic 算法最短路径上中继节点社会关系的参与比例来挖掘这些特征。通过对两种数据集进行分析，观察到陌生人在数据转发过程中具有两面性，一方面加快了数据包的扩散，另一方面也加重了路由负载；同时，随着转发过程的进行，陌生人所起的作用逐渐减低，而社区伙伴参与转发的比例越来越高。基于这些现象，对节点的社会关系对路由算法性能的影响进行分析，并利用陌生人和社区伙伴，设计了一种融合节点社会关系的机会路由算法。

6.1 引　　言

移动机会网络的弱连接性使得在数据传输的过程中，很难事先找到一条端到端连通的固定路径。在这种环境下，由于节点的接触信息不能事先获取以及节点只能依靠自己来预测与其他节点的关系，如何设计一种轻量级、分布式的路由策略，满足大规模的自主组网需求，是移动机会网络面临的一大挑战。

目前大部分工作采取一种贪婪的数据转发策略，也就是说，通过把数据包转发给效用值越来越高的节点以抑制数据包的扩散范围，进而缓解 Epidemic 算法带来的重负载问题[1]。这些工作普遍缺乏对 Epidemic 算法自身特性进行研究。考虑到 Epidemic 算法具有最优的传输延时和最重的路由负载，分析 Epidemic 算法自身的特性对于如何在传输延时和路由负载两者之间取得平衡至关重要，而这一点也恰好是当前研究工作的关键所在。

另外，移动机会网络中便携式设备之间具有相对稳定的社会关系，利用这些社会关系可以减少控制信息的交换次数，提高路由效率。我们将节点之间的社会关系分为四类：陌生人、熟悉的陌生人、朋友以及社区伙伴。通过对上述四类社会关系在 Epidemic 算法和贪婪算法数据转发过程中的重要性进行比较，我们观察到三类现象：①陌生人具有两面性。一方面，许多陌生人出现在 Epidemic 算法的最短转发路径上，这说明陌生人可以加快数据包的扩散过程，具有积极的一面。另一方面，由于陌生人把数据包带到其经常活动的区域，感染了该区域内的其他节点，进而加重了路由负载，陌生人又具有消极的一面。②通过用部分熟悉的陌生人和社区伙伴代替原本应该出现在Epidemic 算法最短路径上的部分陌生人，贪婪算法的确降低了负载，但增大了传输延时。③随着数据转发过程的进行，陌生人所起的作用逐步降低，而社区伙伴所起的作用逐渐增大。

基于上面的观察结果，我们提出了一种面向节点社会关系的机会路由算法——STRON。STRON 具有两方面的特性：①分布式特性。STRON 不需要任何的全局性知识。每个节点只需要记录它与其他节点之间的接触次数和每次的接触时长。②轻量级特性。STRON 使用平均的接触次数和接触时长来识别节点之间的社会关系[2,3]。同时，它不需要节点收集、交换、存储其他节点的社会关系，显著降低了节点的计算负载和存储负载，非常适合于资源受限的便携式设备。本章的主要贡献为：首先，我们分析了 Epidemic 算法最短路径所具有的特性，并将其融入机会路由算法的设计过程中；其次，我们观察到不同的社会关系在数据转发过程中扮演着不同的角色，陌生人具有两面性，同时陌生人和社区伙伴在数据转发过程中所起的作用展现出完全不同的发展趋势；最后，基于两种真实数据集，我们对所提的算法与相关工作进行验证。实验结果表明，STRON 在不影响传输延时的基础上，网络负载只有原有工作的 1/4 左右。

6.2　相关工作回顾

为了缓解 Epidemic 算法引起的重负载问题，目前的研究工作主要是利用一些辅助性信息来选择中继节点，提高数据传输效率。按照这些辅助性信息的类型，当前工作可以分为基于节点接触性信息与基于节点社会性信息两大类。

在基于节点接触性信息方面，主要是考虑节点的接触时间、接触频率、接触位置与接触时长对机会路由算法性能的影响。文献[4]利用节点之间的最近一次见面时间来选择下一跳节点。通过把数据包转发给与目的节点最近相遇的节点来加快数据包的传输。文献[5]中每个节点记录其邻居变化情况。当两个节点相遇时，数据包转发给邻居变化频繁的节点。文献[6]通过比较两个相遇节点与目的节点的接触频率来决定数据包的转发。最后由与目的节点接触频率高的节点负责数据的投递。文献[7]提出了一种基于节点接触位置的路由算法。把节点效用值的计算转换为一个 n 维空间的位置匹配问题，从而选择那些与目的节点匹配度高的节点参与数据转发。与此类似的是，文献[8]利用半马尔可夫链模型来描述节点的移动性（即在不同位置之间的转移概率），进而估计节点之间接触次数的概率分布，取得了比较好的投递性能。最近的工作针对节点的接触时长进行研究[9]，提出了一种最优概率的机会路由算法（本书中称为 OP 算法）。在计算投递概率时融入节点之间的短暂的接触时长，来辅助传统的只考虑较长接触时长的机会路由策略。

　　在基于节点社会性信息方面，主要是利用节点的社会地位、节点之间的社会关系进行转发决策。在基于节点社会地位方面，文献[10]利用传统社会化网络分析方法计算节点的中介中心度，同时结合 k-clique[11] 和 WNA[12] 方法对节点进行聚类，然后根据节点中心度并结合目的节点所在的社区来设计转发策略。该方法存在的主要问题是在计算节点的中介中心度时，需要预先计算节点对的最短路径，导致算法复杂度过高，实用性不强。文献[13]利用邻居节点的接触信息，分布式地估计节点中心度和相似度，并融合二者为统一的 SimBet 度量。当两个节点相遇时，首先交换各自携带的邻域知识，计算中心度和相似度，然后将数据包转发给 SimBet 值高的节点。文献[14]利用 PageRank 算法分布式地估计节点中心度，降低了传统社会化网络分析方法计算节点中心度的算法复杂度，具有一定的实用价值。在基于节点的社会关系方面，文献[15]提出利用节点的接触次数、接触时长来判断节点的社会关系。文献[16]进一步融合节点接触的规律性来识别节点的朋友关系。他们认为朋友之间应该具有较高的接触频率、较长的接触时间以及相对固定的交互活动。以此为基础，设计了一种面向朋友关系的转发策略。在文献[17]中，Chen 等发现用户的朋友关系具有稳定性。通过在邻居之间交换朋友关系，他们提出了一种基于用户社交图的路由算法，将节点接触概率的计算放在发送端进行，从而减少了节点之间的信息交换次数，降低了网络负载。

6.3　STRON 算法设计目标及贪婪算法转发过程

6.3.1　STRON 算法设计目标

　　我们的目标是基于用户的社会关系，设计一种高效的数据转发策略 STRON。在对用户的社会关系在数据转发过程中所起的作用进行分析之后，STRON 基于以下两个方面来改善传统的机会路由算法的性能：①节点陌生度与相似度的融合。通过在数据转发过程中融合节点的陌生度，在路由负载与传输延时之间取得了一个比较好的折中。②调整陌生人参与的个数。通过在数据转发过程中有意识地调整陌生人参与的比例，进一步降低了路由负载。下面首先对用户的社会关系进行识别。

　　基于文献[15]中所提出的分类方法，我们将用户的社会关系分为以下四类。

　　（1）陌生人：用户之间接触次数低、接触时间短。

　　（2）朋友：用户之间接触次数低、接触时间长。

　　（3）熟悉的陌生人：用户之间接触次数高、接触时间短。

　　（4）社区伙伴：用户之间接触次数高、接触时间长。

　　同时，与文献[9]类似，我们基于节点之间的接触次数、接触时长的平均值来在线识别上述四类社会关系，如图 6-1 所示。令 X_i 和 Y_i 分别代表节点 i 与其他节点之间的接触次数与接触时长，$x_i(j)$ 和 $y_i(j)$ 代表节点 i 与任意节点 j 之间的接触次数与接触时长。令 $E(X_i)$ 和 $E(Y_i)$ 分别表示 X_i 和 Y_i 的平均值，N 表示节点的集合，则

$$E(X_i) = \frac{\sum\limits_{i,k \in N, i \neq k} x_i(k)}{\|N\|} \qquad (6\text{-}1)$$

$$E(Y_i) = \frac{\sum\limits_{i,k \in N, i \neq k} y_i(k)}{\|N\|} \qquad (6\text{-}2)$$

如果 $x_i(j) < E(X_i)$ 并且 $y_i(j) < E(Y_i)$，则我们称节点 j 是节点 i 的一个陌生人。

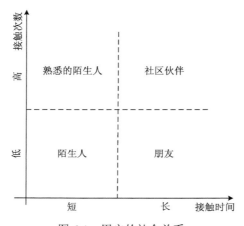

图 6-1　用户的社会关系

6.3.2　贪婪算法数据转发过程

在过去的几年里，研究人员提出了一些机会路由算法，尽管它们使用的辅助性信息不同（如利用节点的社区结构[18]、投递概率[19]、接触位置[20]等），大部分工作都采用贪婪的转发策略。也就是说，当两个节点相遇时，数据包由效用值低的节点向效用值高的节点进行流动。为了便于表述，我们用 $u_i(j)$ 表示节点 i 与节点 j 之间的效用值。算法 6-1 列出了贪婪算法中数据转发的一般过程。以节点 i, j 为例。对于任何一个节点 i 携带的数据包 m，假设它的目的地是节点 m_d。如果 $m_d == j$，则 m 转发给节点 j，节点 i 完成投递，删除 m。如果 $u_i(m_d) < u_j(m_d)$，则节点 i 将 m 的一个备份转发给节点 j。

算法 6-1　贪婪算法

Algorithm 6-1　贪婪算法数据转发过程
1：　当遇到节点 j 的时候
2：　for 节点 i 携带的任意一个数据包 m do
3：　　　if $m_d == j$ then
4：　　　　deliverMsg(m),remove(m)
5：　　　else

6:　　　if　j 没有携带 m　then
7:　　　　　$i \leftarrow u_j(m_d)$
8:　　　　　if $u_i(m_d) < u_j(m_d)$ then
9:　　　　　　　forwardingMsg(m)
10:　　　　　end if
11:　　　end if
12:　　end if
13:　end for

6.4　Epidemic 和贪婪算法最短路径特征分析

我们结合两种数据集 KAIST 和 PMTR[9]，对 Epidemic 和贪婪算法中最短路径上节点的社交信息进行分析。在 KAIST 中，来自校园的 34 个志愿者携带 GPS 设备（GPS 60CSx）对各自的移动信息进行收集。在一年的时间内，总共形成了 92 个单独的移动轨迹。每个移动轨迹由一系列的三元组（X,Y,timestamp）组成，表示一个个的停留点。其中 X,Y 表示地理坐标，timestamp 记录用户到达该位置的时刻。在 PMTR 中，44 个志愿者使用蓝牙设备在 19 天内收集了 11895 个接触信息（包括与 5 个静态接入点的接触信息）。表 6-1 列出了上述数据集的统计信息。

表 6-1　数据集的统计信息

指标	KAIST	PMTR
使用技术	WiFi	蓝牙
节点个数	34	44+5
接触次数	25535	11895
场景半径	18.65km	3.5km

基于这些数据集，我们分析参与转发的中继节点与目的节点的社会关系在数据转发过程中所起的作用。通过统计不同的社会关系出现在 Epidemic 算法以及贪婪算法最优路径与贪婪路径中的频率来判断它们的重要程度。

定义 6-1（最优路径）　我们称一条路径为最优路径当且仅当它是 Epidemic 算法下的一条最短路径。

定义 6-2（贪婪路径）　我们称一条路径为贪婪路径当且仅当它是贪婪算法下的一条最短路径。

对于每一条最优路径 o 或贪婪路径 g，我们统计不同类型的中继节点（社会关系）出现的次数，最后对所有路径中出现的次数求其平均值。举例来说，设 $\mathcal{O}$ 代表最优路径集合，o_{ij} 代表节点 i 到节点 j 的最短路径，$\mathcal{S}_{ij}$ 表示陌生人在 o_{ij} 上出现的次数，$\mathcal{R}_{ij}$ 表示在 o_{ij} 上所有的中继情况。令 $\mathcal{R}_s$ 表示陌生人在最优路径上的重要程度，则

$$\mathcal{R}_s = \sum_{\forall i \in N} \sum_{\forall j \in N, j \neq i} \frac{\mathcal{S}_{ij}}{\mathcal{R}_{ij}} \qquad (6\text{-}3)$$

接下来对用户的社会关系在数据转发过程中的重要性进行分析。

6.4.1 陌生人在数据转发过程中具有两面性

图 6-2 和图 6-3 显示了不同的社会关系在最优路径和贪婪路径上参与的比例。这里"Greedy1"和"Greedy2"分别表示基于节点的接触次数、接触时长的贪婪转发策略。可以看到，陌生人在 Epidemic 算法中起着重要的作用，在所有的中继节点中，陌生人占的比例超过一半，这种现象说明了大量偶发的接触在数据转发过程中扮演着重要的角色[21]，在设计机会路由算法时，应当充分考虑陌生人所起的作用。另外，我们也注意到熟悉的陌生人和社区伙伴主导着贪婪路径，这与贪婪算法的转发策略在本质上是一致的。熟悉的陌生人和社区伙伴往往有着较高的效用值，它们被选择为中继节点的概率自然要大于陌生人和朋友。同时，我们推测该现象也是贪婪算法能够在转发代价和延时之间取得平衡的原因所在。为了验证这一点，我们对两种转发策略在传输延时和转发代价方面的性能进行比较。实验结果如表 6-2 和表 6-3 所示。

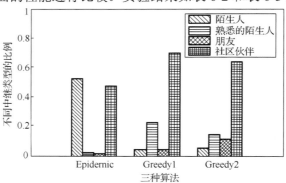

图 6-2　社会关系的重要性分析（KAIST）

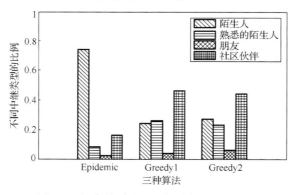

图 6-3　社会关系的重要性分析（PMTR）

表 6-2　转发代价

	Epidemic/%	Greedy1/%	Greedy2/%
KAIST	97	27	31
PMTR	70	25	28

表 6-3　传输延时

	Epidemic	Greedy1	Greedy2
KAIST/s	310.0	1550.0	1493.0
PMTR/h	89.5	97.4	107.9

这里的转发代价指的是每成功投递一个数据包, 参与转发的节点所占的比例。可以看到, 贪婪算法显著降低了转发代价。在两种数据集下, 其转发代价只有 Epidemic 算法的 1/3 左右。但同时贪婪算法增加了数据包的传输延时, 这种情况在 KAIST 数据集下尤为明显, 其传输延时由 Epidemic 算法的 310s 激增到贪婪策略下的 1500s 左右。主要的原因在于贪婪策略用部分熟悉的陌生人和社区伙伴代替原本应该出现在 Epidemic 算法最优路径上的部分陌生人, 虽然降低了负载但增大了传输延时。例如, 在 KAIST 数据集下 (图 6-2), 陌生人出现在最优路径上的比例为 50% 以上, 而出现在贪婪路径上的比例下降到 5%, 同时, 熟悉的陌生人占贪婪路径中中继节点的比例上升至 20%。

上述现象说明了两个问题: 一个是陌生人的确在转发过程中起着重要的作用, 具有积极的一面; 另一个是这些陌生人将数据包带到其他区域, 感染了该区域内的其他节点, 增大了负载, 具有消极的一面。在设计数据转发策略的时候, 应该在充分利用陌生人积极因素的同时, 力争避免陌生人所起的消极作用。下面通过分析各种社会关系在最优路径上每一跳的参与情况对此进行说明。

6.4.2　陌生人的重要性在数据转发过程中逐步降低

我们对 Epidemic 算法最优路径上每一跳的社会关系进行分析。通过统计各种社会关系出现在每一跳的比例, 来估计它们在数据转发过程中 (从第一跳到最后一跳) 所扮演角色的变化情况。统计结果如图 6-4 和图 6-5 所示。可以清楚地看到, 陌生人随着数据转发的进行, 所起的重要性越来越低, 与此相反, 社区伙伴所起的作用越来越大。例如, 在图 6-4 中, 在参与第一跳转发的所有中继节点中, 陌生人占了 65% 左右, 社区伙伴只有 33%。而当数据转发至最后一跳时, 陌生人几乎消失不见, 社区伙伴的比例上升到 80%。需要指出的是, 虽然两种数据集都具有类似的现象, 但是, 在不同的数据集之间仍然显示了一定的差异性。例如, 在 PMTR 下 (图 6-5), 即使在最后一跳, 陌生人参与数据转发的比例仍然超过了一半。这主要是由于 PMTR 数据集里面存在许多短暂的接触 (小于 2s), 而这正是陌生人之间接触行为的主要特性之一 (即偶发的接触）。同时，从另一个侧面也反映出 PMTR 雇佣的志愿者之间大部分是陌生人，在现实生活中交流不多。

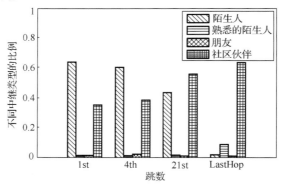

图 6-4　各种社会关系在最优路径上每一跳的参与比例（KAIST）

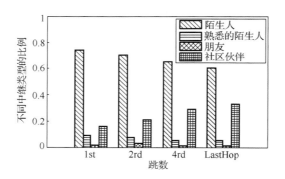

图 6-5　各种社会关系在最优路径上每一跳的参与比例（PMTR）

6.5　STRON 算法设计过程

基于上述观察到的现象，STRON 算法在设计过程中主要考虑两方面的内容：①引入节点的陌生度；②调整陌生人的参与比例。

6.5.1　节点陌生度与相似度融合的数据转发策略

我们用陌生度表示两个节点之间不相似的程度。设 $\mathrm{Sim}(i,j)$ 表示节点 i, j 之间的相似度，$D_s(i,j)$ 表示它们的陌生度，显然有 $D_s(i,j)=1-\mathrm{Sim}(i,j)$。给定节点之间的接触次数或接触时长，我们利用经典的最小-最大函数来估计节点之间的相似度（STRON 算法可以采用其他评估节点之间相似度的方法，如余弦定理、皮尔逊相关性、欧氏距离等[22,23]，考虑到我们主要分析社会关系对机会路由性能的影响，此处仅以最小-最大函数为例进行说明，其他方法可以方便地集成于 STRON 算法中）。以接触次数 $x_i(j)$ 为例，有

$$\text{Sim}(i,j) = \frac{x_i(j) - \min(X_i)}{\max(X_i) - \min(X_i)}(\forall i \in N) \tag{6-4}$$

结合 $D_s(i,j) = 1 - \text{Sim}(i,j)$ ，可以得到节点之间的陌生度。图 6-6 和图 6-7 显示了随机选择的一对节点在两组数据集下的陌生度随它们之间的接触次数的变化情况。利用节点之间的相似度和陌生度，式（6-5）给出了 STRON 算法的效用函数。

$$U(i,j) = \alpha D_s(i,j) + (1-\alpha)\text{Sim}(i,j) \tag{6-5}$$

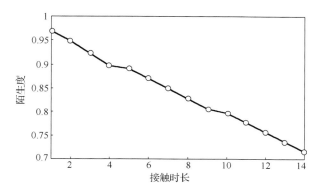

图 6-6　节点对（1,77）之间的陌生度（KAIST）

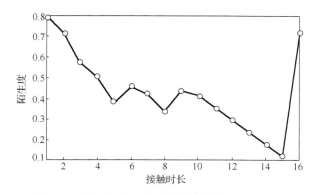

图 6-7　节点对（1,11）之间的陌生度（PMTR）

由 6.4.2 节可知，陌生人随着转发过程的深入，所起的作用逐渐降低。考虑到这一点，令 $\alpha = \text{Hop}^{-C}$ ，其中 Hop 表示当前转发数据包的跳数，C 为实验参数（ $0 \leqslant C \leqslant 1$ ），我们将在 6.6 节讨论 C 的变化对 STRON 算法性能的影响。Hop 的值可以直接通过数据包头的 TTL 域获得，在此不作进一步的讨论。基于该效用函数，STRON 可以帮助节点进行智能的转发决策。以节点对 i,j 为例，当它们相遇时，如果 $U(i,m_d) < U(j,m_d)$ ，则由节点 j 负责携带数据，反之亦然。下面讨论如何利用节点的社区伙伴进一步改善 STRON 算法的性能。

6.5.2　陌生人参与比例的动态调整

由 6.4 节可知，在数据包向目的节点转发的过程中，一方面是陌生人、朋友参与的比例越来越低，另一方面是熟悉的陌生人、社区伙伴发挥的作用越来越大。考虑到这一点，当陌生人或朋友遇到目的节点的熟悉陌生人或社区伙伴时，前者需要向后者转发它们所携带的数据包。同时，这种情况也为我们提供了一个调整陌生人参与比例的机会。当一个陌生人遇到目的节点的社区伙伴时，在它完成数据转发之后，该陌生人以概率 Hop^{-C} 删除它所携带的相应数据包，从而降低数据的转发代价。通过对陌生人在转发后半程中的参与比例进行调整，STRON 可以显著地改善机会路由算法的性能。在 6.6 节的实验结果也验证了这一点，删除陌生人所携带的数据包有效地减低了转发代价，但并没有显著影响数据传输的延时。算法 6-2 对 6.5.1 节和 6.5.2 节的内容进行总结。

算法 6-2　STRON 算法

Algorithm 6-2　STRON 算法数据转发过程
1:　当遇到节点 j 的时候
2:　for 节点 i 携带的任意一个数据包 m do
3:　　　if $m_d{=}j$ then
4:　　　　deliverMsg(m), remove(m)
5:　　　else
6:　　　　if 　j 没有携带 m 　then
7:　　　　　if ($U(i,md)< U(j,md)$) 或者(一个陌生人或朋友遇到目的节点的熟悉陌生人或社区伙伴)then
8:　　　　　　forwardingMsg(m)
9:　　　　　end if
10:　　　　if (一个陌生人遇到目的节点的社区伙伴) then
11:　　　　　以概率 Hop^{-C} 删除 m
12:　　　　end if
13:　　　end if
14:　　end if
15:　end for

6.6　实验结果与分析

基于 KAIST 和 PMTR 两种数据集，我们对五种机会路由算法进行性能评价：①Epidemic 提供了传输延时的下限和转发代价的上限，我们以 Epidemic 算法为基准比较其他四种算法的相对性能；②基于节点接触次数的贪婪算法（Greedy1）；③基于节点接触时长的贪婪算法（Greedy2）；④OP 为最优的概率转发算法，这里的最优指的是每个节点可以准确地知道相遇节点的转发概率，同时节点的转发概率可以以一种离线的方式事先获得；⑤我们提出的 STRON 算法。在每一种场景下，随机选择一对节点作为源节点和目的节点，源节点总共产生 1200 个数据包。在 KAIST 下，节点的通信半径为 250m，在 PMTR 下，节点的通信半径为 10m。实验的结果为 20 次实验的平均值。对于 STRON 算法，在上述两种场景下，C 的取值分别为 0.4 和 0.8（我们在本节的后半部分讨论 C 的不同取值对 STRON 算法性能的影响）。评价的指标包括：①相对传输延时，每一种转发策略的平均传输延时与 Epidemic 算法的平均传输延时的比值；②转发代价，成功传输一个数据包，参与转发的节点个数占全部节点个数的比例。

图 6-8 和图 6-9 显示了上述五种算法在两种场景下的性能表现。我们首先观察到 STRON 算法在相对传输延时方面显示了很强的竞争力。如图 6-8 所示，与在延时方面取得第二优的 OP 相比，STRON 与 OP 两者之间并没有显著的不同。在 KAIST 下，STRON 的传输延时仅增加了不到 4%。与两种贪婪策略相比，在传输延时方面，STRON 降低了 50%。同时我们也注意到两种数据集对传输延时有不同的影响。例如，在 PMTR 下，五种路由算法取得了几乎相同的传输性能。我们推测这主要是由于 PMTR 场景节点之间的总接触次数较少，节点之间过长的间隔时间主导了数据传输的延时。

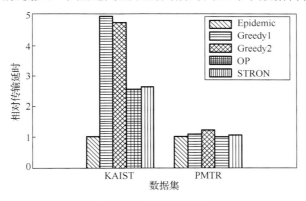

图 6-8　相对传输延时

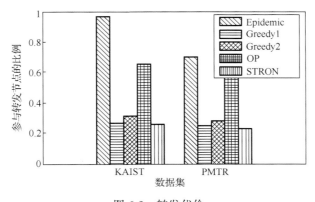

图 6-9　转发代价

　　第二个观察到的现象是 STRON 算法取得了最优的转发代价。如图 6-9 所示，在两种场景下，成功传输一个数据包，STRON 中参与转发的节点比例只有 25%。与之相对的是，OP 中 65% 的节点参与了转发，在 Epidemic 中更是高达 97%。即相对于 OP 和 Epidemic，STRON 在转发代价方面的增益分别提高了 2.5 倍和 3.9 倍。另外，两种贪婪策略在转发代价方面也有比较好的性能表现，分别有 28% 和 35% 的节点参与了转发过程，但它们明显地延长了数据包的投递过程，如图 6-8 所示。

　　接下来分析参数 C 对 STRON 算法性能的影响。我们通过逐渐增大 C 的取值来观察它对数据传输延时和转发代价的影响。从图 6-10 和图 6-11 可以看到，随着参数 C 的增大，数据转发代价随之降低（在 KAIST 下由 28% 降低到 18%），与此同时，数据传输时间变长（相对传输延时在 KAIST 下由 2.3 增加到 2.9）。这与 6.5 节的分析结果是一致的。由式（6-5）可知，增大 C 将降低陌生度在效用函数中的权重，意味着更多的陌生人被排除在转发过程之外，自然地降低了转发代价，但同时也意味着许多偶发的接触没有得到充分利用，影响数据的传输延时。一个理想的状态是我们可以通过调整 C 的取值，从而在传输延时与转发代价之间取得一个完美的平衡点，但考虑到不同的数据集一般具有不同的移动特征，对 C 进行统一性的表示不太切合实际。

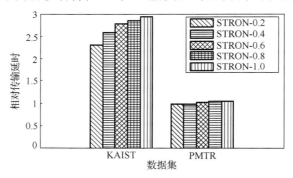

图 6-10　参数 C 对传输延时的影响

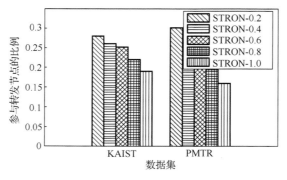

图 6-11　参数 C 对转发代价的影响

6.7　本　章　小　结

本章从移动机会网络传输路径的层面研究了节点的社会关系对机会路由算法性能的影响。通过对 Epidemic 算法和贪婪算法中的最优路径和贪婪路径上的中继节点的社会关系进行分析，观察到陌生人在转发过程中具有两面性，一方面可以加快数据的传输，另一方面也加重了转发代价。同时，随着转发过程的进行，陌生人所起的作用逐步降低，而社区伙伴参与转发的比例越来越大。基于上述现象，本章提出了 STRON 算法，通过在转发过程中融入节点的陌生度来设计转发策略，同时通过调整陌生人参与转发的比例来进一步改善传统机会路由算法的性能。实验结果表明 STRON 算法的路由负载只有原有工作的 1/4 左右，显示了较好的可扩展性。

参 考 文 献

[1] Vahdat A, Becker D. Epidemic Routing for Partially Connected Ad Hoc Networks. Durham North Carolina: Duke University, 2000.

[2] Nguyen N, Thang N, Tokala S. Overlapping communities in dynamic networks: their detection and mobile applications//The 17th Annual International Conference on Mobile Computing and Networking, Las Vegas , 2011.

[3] Li Y, Han J, Yang J, et al. Clustering moving objects//The 10th ACM SIGKDD International Conference on Knowledge Discovery and Data Mining, Seattle, 2004.

[4] Dubois-Ferriere H, Grossglauser M, Vetterli M. Age matters: efficient route discovery in mobile ad hoc networks using encounter ages//The 4th ACM International Symposium on Mobile Ad Hoc Networking and Computing, Annapolis, 2003.

[5] Musolesi M, Hailes S, Mascolo C. Adaptive routing for intermittently connected mobile ad hoc networks//The 6th IEEE International Symposium on a World of Wireless, Mobile and Multimedia Networks, Taormina, 2005.

[6] Yuan Q, Cardei I, Wu J. Predict and relay: an efficient routing in disruption-tolerant networks//The 10th ACM International Symposium on Mobile Ad Hoc Networking and Computing, New Orleans, 2009.

[7] Leguay J, Friedman T, Conan V. Evaluating mobility pattern space routing for DTNs//The 25th IEEE International Conference on Computer Communications, Barcelona, 2006.

[8] Yuan Q, Cardei I, Wu J. An efficient prediction-based routing in disruption-tolerant networks. IEEE Transactions on Parallel and Distributed System, 2012, 23(1):19-31.

[9] Gaito S, Pagani E, Rossi G. Strangers help friends to communicate in opportunistic networks. Computer Networks, 2011, 55(2): 374-385.

[10] Hui P, Crowcroft J, Yoneki E. Bubble rap: social-based forwarding in delay tolerant networks. IEEE Transactions on Mobile Computing, 2011, 10(11): 1576-1589.

[11] Palla G, Derenyi I. Uncovering the overlapping community structure of complex networks in nature and society. Nature, 2005, 435(7043): 814-818.

[12] Newman M. Analysis of weighted networks. Physical Review E, 2004, 70: 056131.

[13] Daly E, Haahr M. Social network analysis for routing in disconnected delay-tolerant MANETs//The 8th ACM International Symposium on Mobile Ad Hoc Networking and Computing, Montreal, 2007.

[14] Mtibaa A, May M, Diot C, et al. PeopleRank: social opportunistic forwarding//The 29th IEEE International Conference on Computer Communications, San Diego, 2010.

[15] Yoneki E, Pan H, Crowcroft J. Visualizing community detection in opportunistic networks// The ACM MobiCom Workshop on Challenged Networks, Montreal, 2007.

[16] Bulut E, Szymanski B. Exploiting friendship relations for efficient routing in mobile social networks. IEEE Transactions on Parallel and Distributed Systems, 2012, 23(12): 2254 -2265.

[17] Chen K, Shen H. SMART: lightweight distributed social map based routing in delay tolerant networks//The 20th IEEE International Conference on Network Protocols, Austin, 2012.

[18] Pietilainen A K, Diot C. Dissemination in opportunistic social networks: the role of temporal communities//The 13th ACM International Symposium on Mobile Ad Hoc Networking and Computing, South Carolina, 2012.

[19] Gunawardena D, Karagiannis T, Proutiere A. SCOOP: decentralized and opportunistic multicasting of information streams//The 17th Annual International Conference on Mobile Computing and Networking, Las Vegas, 2011.

[20] Leguay J, Friedman T, Conan V. Evaluating mobility pattern space routing for DTNs//The 25th IEEE International Conference on Computer Communications, Barcelona, 2006.

[21] Zyba G, Voelker G, Ioannidis S, et al. Dissemination in opportunistic mobile ad-hoc networks: the power of the crowd//The 30th IEEE International Conference on Computer Communications, Shanghai, 2011.

[22] Sarwar B, Karypis G, Konstan J, et al. Application of dimensionality reduction recommender system-a case study//The 6th ACM SIGKDD International Conference on Knowledge Discovery and Data Mining, Boston, 2000.

[23] Ying X, Wu L, Wu X. A spectrum-based framework for quantifying randomness of social networks. IEEE Transactions on Knowledge and Data Engineering, 2011, 23(12): 1842-1856.

第7章　基于社区结构的机会路由策略

移动机会网络中节点之间可以临时组成一些网络社区。研究这些网络社区在数据转发过程中的作用，可以使得我们从更高的层面观察数据包在网络中的扩散情况，有助于我们深入理解移动机会网络的数据转发机理。基于上述考虑，通过对三种真实数据集中的节点进行聚类，我们发现数据包在社区之间的传输时间明显长于数据包在社区内的传输时间，前者几乎是后者的两倍；将数据包转发给那些相对重要性高的节点能够显著提高数据包的投递速度（这里节点的相对重要性指的是节点相对于目的节点所在社区的重要程度）。结合这两点，本章提出了一种基于移动机会网络社区结构的路由策略。该策略主要包括两个阶段。在数据包没有进入目的节点所在社区以前，将数据包转发给那些相对于目的节点及其社区伙伴重要性高的节点，加快数据包向目的节点所在社区的扩散速度。在数据包进入目的节点所在社区之后，将数据包转发给该社区内重要性高的节点，控制数据包的扩散范围，降低路由负载。

7.1　引　　言

移动机会网络利用节点移动所形成的接触机会来完成数据通信[1,2]。由于移动机会网络与移动社交网络在许多方面具有相似的特征[3-5]（如聚类、小世界现象等[6]），目前的研究工作主要关注于节点的社交行为对移动机会网络数据扩散机制的影响。

节点的社交行为主要表现在节点在网络中具有不同的社会地位（即节点中心度）[7,8]，节点之间具有不同的社会关系[9]，以及节点在日常社交活动中所形成的社区结构等（社区结构在社交网络中有时也称为社团结构）[10,11]。文献[12]～[14]通过将数据包转发给那些在网络中中心度高的节点来降低路由负载，文献[15]、[16]则利用节点之间的朋友关系来提高数据转发效率。在以前的工作中，我们发现允许少量陌生人参与数据转发可以加快数据包的扩散过程[17]。上述这些工作主要是从移动机会网络中节点、链路的层面开展研究。本章在原来工作的基础上，进一步从移动机会网络社区结构的层面来探讨数据包的扩散规律，并以此为基础，设计高效的机会路由算法。社区结构为我们提供了从更高的层面观察数据包扩散情况的机会，有助于我们深入理解移动机会网络的数据转发机理。

我们首先对三种真实数据集中的节点进行聚类，然后观察数据包在社区内以及社区之间的扩散情况。在对这两种情况下数据包的传输延时进行统计之后，我们发现移动机会网络中数据包的传输延时主要取决于数据包从一个社区扩散到另一个社区的等待延时，即数据包在社区之间的传输时间明显长于数据包在社区内的传输时间，前者几乎是后者的两倍。另一个有趣的现象是，将数据包转发给那些相对于目的节点所在社区重要性高的节点，可以显著提高数据包的投递速度。而这些节点在网络中的社会地位通常不高。该结论与原有工作中的结果并不一致。原有工作中认为网络中社会地位高的节点在数据扩散过程中起着重要作用。结合上述现象，本章提出了一种基于移动机会网络社区结构的路由策略 RIM（relative important）。RIM 将整个数据转发过程分为两个阶段：①在数据包没有进入目的节点所在社区以前，将数据包转发给那些相对于目的节点及其社区伙伴重要性高的节点，加快数据包向目的节点所在社区的扩散速度；②在数据包进入目的节点所在社区之后，将数据包转发给该社区内重要性高的节点，控制数据包的扩散范围，降低路由负载。

7.2　相关工作回顾

下面从移动机会网络中的信息扩散以及基于社区结构的机会路由算法两个方面对相关工作进行总结。

分析节点的社交行为在信息扩散过程中所起的作用是目前移动机会网络中的一个研究热点。文献[12]～[14]基于不同的节点中心度的量化方法，将整个网络中的节点划分为流行的（中心度高的）以及普通的两类。他们的研究结果表明流行节点在信息扩散过程中起着重要的作用。将数据包转发给在网络中流行的节点可以有效降低路由负载，提高数据投递率。文献[18]将经常出现在某个物理区域内的节点称为流行节点，将网络中的其他节点称为普通节点。他们的研究结果显示数据包的扩散速度与节点的类型没有直接联系，主要取决于每类节点的数量。文献[19]首先基于节点之间的接触率将节点划分为高接触率的、低接触率的两类。然后基于节点停留在所属社区内的时间长短，又进一步将节点细分为高接触率的-流行的节点、高接触率的-普通的节点、低接触率的-流行的节点、低接触率的-普通的节点四类。这里流行的节点指的是大部分时间停留在所属社区内的节点，其他节点称为普通节点。实验结果表明，高接触率的-普通的节点（即经常游走于不同社区之间的节点）在信息扩散的过程中起着重要的作用。与上述工作不同的是，我们基于目的节点所在的社区，将节点划分为相对于该社区重要的、不重要的两类。我们发现将数据包转发给那些相对重要性高的节点，可以加快数据包的投递速度。

在基于社区结构的机会路由方面，目前主要围绕社区移动模型展开研究。社区移动模型假定网络中的节点经常在一些固定区域之间往返，而访问其他区域的机会很小[20]。这方面代表性的工作有文献[21]、[22]。文献[21]提出了一种预测中继的机会路由算法，利用马尔可夫链模型对节点在不同物理区域之间的转移概率进行建模，以此来预测节点之间的相遇时刻。文献[22]通过预测节点进入目的节点所在区域的时刻来设计路由策略。当两个节点相遇时，由较早进入目的节点所在区域的节点负责数据的转发。与上述工作不同的是，我们利用节点之间形成的虚拟社区而不是物理区域来设计数据转发策略。

7.3　节点相对重要性的定义及网络模型

本节对节点中心度及相对重要性的概念以及所使用的网络模型进行介绍。

7.3.1　节点中心度及相对重要性

节点中心度指的是节点在全网中的社会地位。某个节点中心度越高，意味着它在网络中所起的作用就越大。我们提出了一种与节点中心度相关但又明显不同的社会度量，称为节点相对重要性，它的定义如下。

定义 7-1（节点相对重要性）　节点相对重要性指的是节点相对于目的节点所在社区的重要程度。

Freeman 提出了三种量化节点中心度的方法，分别称为节点的度、接近中心度及中介中心度。考虑到节点的度的直观性，这里使用节点的度作为一个例子来说明节点中心度与相对重要性的区别。节点的度指的是节点一跳邻居的个数。基于定义 7-1，节点相对重要性可以用节点的度表示为

$$D_{\text{rim}}^{(u,C_k)} = \sum_{v\in C_k,\,v\neq u}\delta_{uv} \tag{7-1}$$

式中，C_k 表示网络中的第 k 个社区；布尔函数 $\delta_{uv}=1$ 表示节点 v 是节点 u 的邻居且节点 v 属于 C_k。

图 7-1 显示了节点中心度以及相对重要性的区别。在图 7-1(a)中，节点 u 的中心度为 5，节点 v 的中心度为 4，在图 7-1(b)中，两个节点的中心度均为 5。相对于社区 C_2（假定目的节点所在的社区为 C_2），它们的相对重要性在上述两种情况下分别为 2 和 3，即相对重要性提供了一种在更细的粒度上刻画节点在网络中某个区域内的社会地位，而节点中心度强调的是节点在全网内的社会地位。直观地讲，一个在全网内社会地位高的节点并不意味它在某个局部同样具有较高的重要性。而数据包在网络中的扩散速度主要取决于节点与目的节点及其社区伙伴的联系强度，即节点相对重要性。7.5.2 节对这种情况进行分析。

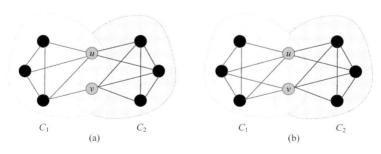

图 7-1　节点中心度及相对重要性

7.3.2　网络模型

本章用衰退聚集图 $G = (V, E)$ 来对移动机会网络进行建模[23]，其中 V 表示图 G 中点的集合，E 表示边的集合。令 $W(t) = (w_{uv}(t))_{n \times n}$ 表示时刻 t 时图 G 的邻接矩阵。令 $N_{uv}(t) = \{(\text{on}_i, \text{off}_i), i = 1, 2, \cdots, N\}$ 表示在时间段$[0, t]$内节点 u 和 v 的接触序列，其中二元组（$\text{on}_i, \text{off}_i$）表示节点之间第 i 次接触的开始时刻及结束时刻，N 为总的接触次数。下面利用衰退求和问题来计算矩阵 $W(t)$ 中元素 $w_{uv}(t)$ 的值。

衰退求和问题包括两个部分：第一部分是加权函数 $f(i)$；第二部分是衰退函数 $g(T - \text{off}_i)$，如定义 7-2 所示。

定义 7-2（衰退求和问题）　给定节点 u 和 v 的接触序列 $N_{uv}(t)$，我们的目的是计算在当前时刻 T 时的 $w_{uv}(T)$ 的值，可以表示为

$$w_{uv}(T) = \sum_{i=1}^{N} f(i) g(T - \text{off}_i) \qquad (7\text{-}2)$$

在式（7-2）中，加权函数 $f(i) = \text{off}_i - \text{on}_i$ 表示节点 u 和 v 第 i 次的接触时长。考虑到移动机会网络中节点之间的间隔时长近似服从指数分布[24]，此处设 $g(T - \text{off}_i) = \text{e}^{-(T - \text{off}_i)}$。式（7-2）可以重新表示为

$$w_{uv}(T) = \sum_{i=1}^{N} (\text{off}_i - \text{on}_i) \text{e}^{-(T - \text{off}_i)} \qquad (7\text{-}3)$$

下面对衰退求和问题的空间复杂度进行分析。由式（7-3）可知，每个节点需要存储 $\Theta(N)$ 次接触信息才能准确地计算 $w_{uv}(T)$ 的值。一般情况下，节点对之间的接触次数 N 远大于网络中的节点个数 n，考虑到可扩展性问题，在保证计算精度的同时，需要进一步降低计算衰退求和问题的算法复杂度。引入辅助函数 $h(t)$，令 $h(t) = \text{off}_i - \text{on}_i$，当且仅当 $t = \text{off}_i$；否则 $h(t) = 0$，有下面的引理 7-1。

引理 7-1　在一个连续的区间$[0, T]$内，式（7-3）可以由下面的式（7-4）表示：

$$w_{uv}(T) = \sum_{t \leqslant T} h(t) \text{e}^{-(T - t)} \qquad (7\text{-}4)$$

证明：将区间$[0, T]$分为两个不相交的子区间 T_1 和 T_2，其中 $T_1 = \bigcup_{i=1}^{N} t_i$，$t_i = [\text{on}_i, \text{off}_i]$ 且 $T_1 \bigcup T_2 = [0, T]$，则

$$\sum_{t \leqslant T} h(t) \text{e}^{-(T - t)} = \sum_{t \in T_1} h(t) \text{e}^{-(T - t)} + \sum_{t \in T_2} h(t) \text{e}^{-(T - t)}$$

对于任意的 $t \in T_2$，因为 $t \neq \text{off}_i$（$\text{off}_i \in T_1$ 且 T_1 与 T_2 交集为空），得到 $h(t) = 0$，则

$$\sum_{t \leqslant T} h(t) \text{e}^{-(T - t)} = \sum_{t \in T_1} h(t) \text{e}^{-(T - t)} = \sum_{i=1}^{N} \sum_{t \in t_i} h(t) \text{e}^{-(T - t)} = \sum_{i=1}^{N} (\text{off}_i - \text{on}_i) \text{e}^{-(T - \text{off}_i)} = w_{uv}(t)$$

定理 7-1 在每个时刻 $t = 0, 1, 2, \cdots, N$ ，$w_{uv}(T)$ 可以表示为

$$w_{uv}(T) = h(T) + \mathrm{e}^{-1} w_{uv}(T-1) \tag{7-5}$$

证明：由引理 7-1，可得

$$w_{uv}(T) = \sum_{t \leqslant T} h(t)\mathrm{e}^{-(T-t)} = h(t)\mathrm{e}^{-(T-T)} + \sum_{t \leqslant T-1} h(t)\mathrm{e}^{-(T-t)}$$

$$= h(T) + \sum_{t \leqslant T-1} h(t)\mathrm{e}^{-(T-1-t+1)} = h(T) + \mathrm{e}^{-1} \sum_{t \leqslant T-1} h(t)\mathrm{e}^{-(T-1-t)}$$

$$= h(T) + \mathrm{e}^{-1} w_{uv}(T-1)$$

由定理 7-1 可知，每个节点只需要一个长度为 n 的一维数组就可以维护它自己与其他任意一个节点之间的接触强度，该一维数组中的元素组成了矩阵 W 中的行向量 $w_u (u = 1, 2, \cdots, n)$。这样，当两个节点相遇时，它们交换这些行向量来更新矩阵 W。为了降低由于交换这些行向量所带来的额外负载，每个节点携带一个计时器 Recent_Time(n) 来记录行向量 w_u 最近一次交换的时间。利用该计时器，只有最近更新过的行向量才需要交换，在降低交换次数的同时也有效地减少了交换的内容。

7.4 数据转发策略设计过程

7.4.1 节点介绍了我们提出的路由算法 RIM，7.4.2 节给出了节点相对重要性的度量，最后在 7.4.3 节对移动机会网络中的重叠社区进行识别。

7.4.1 基于社区结构的机会路由算法 RIM

RIM 利用节点相对重要性以及节点之间组成的临时社区设计转发策略。在数据转发的过程中，RIM 重点考虑了两个方面的因素：其一是人们在现实生活中形成不同的社会圈子，每个人在不同的圈子中扮演不同的角色，考虑到这一点，RIM 将数据包转发给那些相对于目的节点所在社区重要性高的节点；其二是人们具有不同的社交行为。有的人善于交际，经常出席多种社交活动，有的人只在自己的圈子内表现活跃，还有一小部分人则显得比较孤僻，很少参加社交活动。因此，RIM 根据人们的不同的社交行为，将节点划分为如下三类：①桥节点表示该节点同时属于多个社区；②强节点表示该节点只属于一个社区；③噪声点表示该节点是网络中的孤点，不隶属于任何一个社区。7.4.3 节给出上述三类节点的形式化描述。

接下来对 RIM 的执行过程进行介绍。以节点 u 为例。当它遇到节点 v 时，对于 u 携带的任意一个数据包 m，如果节点 v 是 m 的目的节点，则 u 将数据包 m 转发给 v，并从自己的缓冲区中删除 m。如果 v 不是 m 的目的节点，则基于 u 和 v 的节点类型，RIM 执行下列操作。

（1）v 是一个噪声节点：u 决定自己携带 m，不执行转发操作。

（2）u 是一个噪声节点，但节点 v 是一个强节点或桥节点：u 将 m 转发给 v，并将 m 从缓冲区中删除。

（3）u 和 v 都不是噪声节点：在这种情况下，RIM 分为下面两个阶段。在 m 进入目的节点所在社区之前，如图 7-2 虚线左边的部分，如果 v 的相对重要性比 u 高，则 m 转发给 v；当 m 进入目的节点所在社区以后，m 只在该社区内相对重要性高的节点之间进行扩散，如图 7-2 虚线右边的部分，直到目的节点收到 m 或 m 的存活时间到期。在上述过程中，当 m 进入目的节点所在社区的时候，携带 m 的节点可以删除 m，如图 7-2 中带虚边框的节点。为了防止出现误删除的情况（即节点 u 和 v 都是目的节点的社区伙伴，但此时 u 恰好移出了目的节点所在的社区），节点 u 删除数据包 m 当且仅当 $w_{ud} < w_{vd}$ 以及节点 v 和目的节点 d 同属于一个社区。算法 7-1 对步骤（3）的内容进行总结，其中 RIM_u 表示节点 u 的相对重要性。

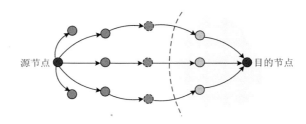

图 7-2　RIM 的数据转发过程

算法 7-1　RIM 算法

Algorithm 7-1　RIM（节点 u 的操作过程）
1： 当遇到节点 v 的时候
2： for 节点 i 携带的任意一个数据包 m do
3：　//转发机制
4：　if　(v 没有携带 m)　then
5：　　if　(u 和 d 属于一个社区)　then
6：　　　if　(v 和 d 属于一个社区且 $\mathrm{RIM}_u<\mathrm{RIM}_v$)　then
7：　　　　$m \rightarrow v$
8：　　else
9：　　　if　(v 和 d 属于一个社区或者 $\mathrm{RIM}_u<\mathrm{RIM}_v$)　then
10：　　　　$m \rightarrow v$
11：　else
12：　//删除机制
13：　　if　(v 和 d 属于一个社区) 并且 (u 和 d 不属于一个社区) 并且 ($w_{ud}<w_{vd}$) then
14：　　　u 删除 m

7.4.2　节点相对重要性的量化

传统的计算节点中心度的方法（如节点的度、接近中心度、中介中心度）适合于网络拓扑相对稳定的环境。考虑到移动机会网络中链路间歇式连通的特点，需要一种新的方法来测量节点在网络中的地位及相对重要性。我们利用主成分分析（principal component analysis，PCA）[25]技术来评价节点的相对重要性。

PCA 通过对数据集中的噪声和冗余数据进行过滤来提取数据集中的相关性信息。这种相关性信息反映了该数据集所表示的主要特征。下面对矩阵 W 的主要成分进行分析。假设节点 u 与其他节点交换接触信息之后得到图 G 的邻接矩阵 W，并且对 W 进行去中心化操作（即矩阵 W 中的每一列中的元素减去该列的均值）。令 $C_W = W^T W / (n-1)$ 表示 W 的协方差矩阵，C_W 对角化之后，有

$$P^T C_W P = \Lambda \tag{7-6}$$

式中，$\Lambda = \mathrm{diag}(1, 2, \cdots, n)$；$P$ 表示归一之后的正交阵。令 x_i 表示 C_W 的特征向量，对应的特征值为 λ_i，设 $\lambda_1 \geq \lambda_2 \geq \cdots \geq \lambda_n$。如图 7-3 所示，行向量 $\alpha_u(\alpha_{u1}, \alpha_{u2}, \cdots, \alpha_{un})$ 表示节点 u 在 n 维谱空间上的分布，列向量 $x_i(\alpha_{1i}, \alpha_{2i}, \cdots, \alpha_{ni})$ 表示每个节点在第 i 维谱空间上的分布。由 PCA 可知，其前 k 个特征值决定了图 G 的主要特征，这些特征值对应的 k 维空间 $(x_1, x_2, \cdots, x_k)$ 构成了矩阵 W 的主成分。算法 7-2 对上述过程进行总结。

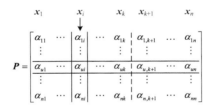

图 7-3　W 的谱空间及其向量表示

算法 7-2 中，函数 $\mathrm{eigs}(C_W, n)$ 表示对协方差矩阵 C_W 对角化，并返回其前 n 个特征值对应的特征向量。

算法 7-2　PCA

Algorithm 7-2　PCA
1：输入图 G 的邻接矩阵 W
2：输出正交阵 P 及对角阵 Λ
3：对 W 去中心化
4：计算 W 的协方差矩阵
5：$[P, \Lambda] \leftarrow \mathrm{eigs}(C_W, n)$

令 $P_k = (x_1, x_2, \cdots, x_k)$，$\Lambda_k = \mathrm{diag}(1, 2, \cdots, k)$ 以及 $\alpha_u^+ = (|\alpha_{u1}|, |\alpha_{u2}|, \cdots, |\alpha_{ui}|, \cdots, |\alpha_{uk}|)$。这里 $|\alpha_{ui}|$ 表示 α_{ui} 的绝对值。有下面的引理 7-2。

引理 7-2 对于给定的衰退聚集图 G 以及 k 个社区，P_k 表示图 G 的投影矩阵，向量 α_u^+ 表示节点 u 在 k 个社区上的投影值。

证明：设 W_k 表示 W 的降维矩阵，C_{W_k} 表示 W_k 的协方差矩阵。由 PCA 可知，C_{W_k} 可以对角化为

$$C_{W_k} = \frac{W_k^T W_k}{n-1} = \Lambda_k \qquad (7\text{-}7)$$

另外，由式（7-6）得

$$P^T C_W P = \Lambda \Rightarrow P_k^T C_W P_k = \Lambda_k \qquad (7\text{-}8)$$

在式（7-8）中，用 $W_k^T W_k / (n-1)$ 代替 Λ_k 以及 $W^T W / (n-1)$ 代替 C_W，可得

$$\frac{W_k^T W_k}{n-1} = P_k^T C_W P_k \Rightarrow \frac{W_k^T W_k}{n-1} = \frac{P_k^T W^T W P_k}{n-1}$$

上式两端同乘以 $(n-1)$ 以及使用替换 $P_k^T W^T = (W P_k)^T$，可得

$$W P_k = W_k \qquad (7\text{-}9)$$

即 P_k 为 W 的投影矩阵。下面证明向量 α_u^+ 为节点 u 在 k 个社区上的投影值。

设 c_i 表示第 i 个特征向量 x_i 的主方向，则 c_i 和 x_i 满足

$$W_k W_k^T c_i = \lambda_i c_i, \quad W_k^T W_k x_i = \lambda_i x_i, \quad x_i = W_k^T c_i / \lambda_i^{1/2}$$

上述方程组可以转换为 W_k 的奇异值分解[26]：$W_k = \sum_i \lambda_i^{1/2} c_i x_i^T$。向量 x_i 中的元素的绝对值表示节点在该向量主方向 c_i 上的投影值。

引理 7-3 设 RIM_u^i 表示节点 u 相对于社区 i 的重要性，则

$$\text{RIM}_u^i = |\alpha_{ui}| \lambda_i \qquad (7\text{-}10)$$

证明：由引理 7-2 可知，$|\alpha_{ui}|$ 为节点 u 在社区 i 上的投影值。另外，由图谱理论[27]可知，λ_i 表示社区 i 在图 G 中所占的比例。由定义 7-1 可知，节点 u 相对于社区 i 的重要性由 $|\alpha_{ui}|$ 及 λ_i 的乘积表示。

定理 7-2 设 RIM_u 表示节点 u 的相对重要性，k_u 表示节点 u 加入的社区数目（$k_u \leqslant k$），则

$$\text{RIM}_u = \sum_{i=1}^{k_u} |\alpha_{ui}| \lambda_i \qquad (7\text{-}11)$$

定理 7-2 可以由引理 7-3 直接得出，在此略去其证明过程。由式（7-11）可知，当 $k_u=k$ 时，节点的相对重要性演化为节点中心度，即节点中心度是节点相对重要性的一种特例。

7.4.3 网络重叠社区的识别

社区识别可以用图的分割问题来表示，即把图分割成几个不相交的子图。我们使

用经典的 k-means[28]算法对移动机会网络的拓扑图进行分割。与其他聚类算法（如 CNM[29]和 k-clique[30]算法）相比，k-means 不需要获取节点之间的邻居关系，只需要知道节点之间的联系强度就可以对节点进行准确的分类。此外，利用 7.4.2 节中的 PCA 技术，可以方便地确定聚类算法中类的个数、每个类中的初始元素以及聚类过程的终止条件。而上述三个方面恰好是 k-means 算法需要考虑的三大要素。下面结合 PCA 技术，讨论如何将 k-means 算法扩展为重叠社区的识别算法。

（1）确定社区的个数 k：PCA 技术可以过滤掉原始数据集中的噪声和冗余数据，同时保留原始数据集的主要特征。背后的原理是图的邻接矩阵的特征值可以代表图的主要结构属性。已有的研究工作表明图中的节点最大度、最大社区中的节点个数以及图的随机性等均可以由最大特征值 λ_1 表示。一般情况下，可以选择前 k 个特征值来表示图的主要特征，这里 k 满足

$$\sum_{i=1}^{k} \lambda_i \Big/ \sum_{j=1}^{n} \lambda_j \geq R \qquad (7\text{-}12)$$

式中，R 的默认区间设置为[0.7, 0.95][27]。基于该默认区间，我们设置 $R=0.85$。

（2）去除噪声节点：如图 7-3 所示，PCA 将图 G 分为两部分：主成分部分 $\boldsymbol{P}_k$ 以及非主成分部分 $\boldsymbol{P}_{k+1} = (x_{k+1}, x_{k+2}, \cdots, x_n)$。我们称后者为图 G 的噪声部分。相应地，将行向量 $\boldsymbol{\alpha}_u$ 划分为 $\boldsymbol{\alpha}_u^{1,k} (\alpha_{u1}, \alpha_{u2}, \cdots, \alpha_{uk})$ 以及 $\boldsymbol{\alpha}_u^{k+1,n} (\alpha_{u,k+1}, \alpha_{u,k+2}, \cdots, \alpha_{un})$，分别表示节点 u 的信号部分以及噪声部分。由 PCA 可知，如果节点 u 可以由其噪声部分来刻画，即 $\boldsymbol{\alpha}_u$ 的主导部分是 $\boldsymbol{\alpha}_u^{k+1,n}$，则说明节点 u 不属于前 k 个社区，在聚类的过程中，可以排除该节点以降低聚类算法的复杂度。下面用信噪比来表示节点的哪一部分占据主导地位。

定义 7-3（节点 u 的信噪比 SNR_u）　$SNR_u = \sum_{i \in [1,k]} (\lambda_i \alpha_{ui})^2 \Big/ \sum_{j \in [k+1,n]} (\lambda_j \alpha_{uj})^2$。

由引理 7-3 可知，节点 u 相对于社区 i 的重要性是 $|\alpha_{ui}| \lambda_i$。该值表示的是节点 u 在第 i 维谱空间上的信号强度。因此，节点 u 在前 k 维空间上的信号强度之和可以表示为 $\sum_{i \in [1,k]} (\lambda_i |\alpha_{ui}|)^2 = \sum_{i \in [1,k]} (\lambda_i \alpha_{ui})^2$，在后（$n-k$）维上的噪声强度之和可以表示为 $\sum_{j \in [k+1,n]} (\lambda_j \alpha_{uj})^2$。

基于定义 7-3，如果节点 u 的信噪比小于 1，说明其噪声的强度超出了信号的强度，则称节点 u 为噪声节点。

定义 7-4（噪声节点）　如果它的信噪比满足 $SNR_u < 1$，则节点 u 是一个噪声节点。

（3）确定每个社区的初始元素（节点）：在确定了聚类的个数以及排除了噪声节点之后，下一步需要确定每个社区的初始质心 $m_i (i = 1, 2, \cdots, k)$。对于特征向量 $\boldsymbol{x}_i$，选择其最大元素所对应的节点作为第 i 个社区的质心，即选择这样的节点 u，其在第 i 维谱空间上的投影值 $|\alpha_{ui}|$ 满足 $\max |\alpha_{ui}| (u = 1, 2, \cdots, n)$。算法 7-3 对上述过程进行总结，其中 $Com(v)$ 表示节点 v 所属社区的标识集合。

算法 7-3　选择初始质心

Algorithm 7-3　选择初始质心
1： 输入 $\boldsymbol{P}_k$, maxValue←0, v←0
2： 输出 $\boldsymbol{m}_i(i=1,2,\cdots,k)$
3： for i=1 to k do
4：　 maxValue=$|\alpha_{i i}|$
5：　 $v \leftarrow 1$//跟踪最大元素的节点序号
6：　 for u=2 to n do
7：　　 if　$(|\alpha_{u i}| >$ maxValue 且节点 u 不是噪声点)then
8：　　　 maxValue=$|\alpha_{u i}|$, $v \leftarrow u$
9：　 $C_i \leftarrow C_i \bigcup \{v\}, m_i \leftarrow \alpha_v$
10：　 Com(v) ← Com(v)$\bigcup \{i\}$

（4）k-means 算法的终止条件：假定对所有的非噪声节点完成了聚类，在聚类的过程中，每个社区的质心由式（7-13）进行更新，即

$$\boldsymbol{m}_i = \left(\sum\nolimits_{u \subset C_i} \boldsymbol{\alpha}_u\right) / n_i \tag{7-13}$$

式中，n_i 表示社区 i 中的强节点个数（强节点由定义 7-5 给出）。k-means 算法通过计算每个节点与所在社区质心之间的距离平方和 J 作为判断准则，若前后两次迭代所求得的距离平方和相等或小于预定的门限值，则结束聚类过程。其距离平方和为

$$J = \sum_{i=1}^{k} \sum_{u \subset C_i} (\boldsymbol{\alpha}_u - \boldsymbol{m}_i)^2 \tag{7-14}$$

下面的定理 7-3 保证基于 PCA 的 k-means 算法经过一次迭代就可以收敛，即 J 可以达到最小值。

定理 7-3（k-means 算法的收敛性）　最小化 J 等价于最大化 trace($\boldsymbol{P}^{\mathrm{T}}\boldsymbol{C}_W\boldsymbol{P}$)，并且 maxtrace($\boldsymbol{P}^{\mathrm{T}}\boldsymbol{C}_W\boldsymbol{P}$) $= \lambda_1 + \lambda_2 + \cdots + \lambda_k$。

证明过程见参考文献[30]中的定理 3.2。

（5）重叠社区的识别：我们允许一个节点加入多个社区。根据节点加入的社区个数 $|\mathrm{Com}(u)|$，将非噪声节点进一步细分为如下两类。

定义 7-5（强节点）　如果一个节点只属于一个社区，则称该节点为强节点。如果节点 u 满足 $|\mathrm{Com}(u)| == 1$，则节点 u 是一个强节点。

定义 7-6（桥节点）　如果一个节点属于多个社区，则称该节点为桥节点。如果节点 u 满足 $|\mathrm{Com}(u)| > 1$，则节点 u 是一个桥节点。

接下来讨论如何在线地对上述两类节点进行识别。

首先对节点进行聚类。我们用余弦夹角表示节点 u 与社区 i 的质心 $\boldsymbol{m}_i$ 之间的距离 dist($\boldsymbol{\alpha}_u, \boldsymbol{m}_i$)。对于第 i 个社区，如果其满足 mindist($\boldsymbol{\alpha}_u, \boldsymbol{m}_i$)($i=1,2,\cdots,k$)，则称节点 u 属

于社区 i，将 u 标记为一个强节点，并按照式（7-13）更新质心 $\boldsymbol{m}_i$。其中，距离 $\mathrm{dist}(\boldsymbol{\alpha}_u, \boldsymbol{m}_i)$ 表示为

$$\mathrm{dist}(\boldsymbol{\alpha}_u, \boldsymbol{m}_i) = \theta(u,i) = \arccos \frac{\boldsymbol{\alpha}_u \boldsymbol{m}_i^{\mathrm{T}}}{\|\boldsymbol{\alpha}_u\|_2 \|\boldsymbol{m}_i\|_2}$$

式中，$\theta(u,i)$ 表示节点 u 与质心 $\boldsymbol{m}_i$ 之间的余弦夹角。对于该节点与其他社区之间的余弦夹角 $\theta(u,j)(j \neq i, j = 1,2,\cdots,k)$，如果 $\theta(u,j)$ 满足 $\theta(u,j) \in [\pi/4 - \varphi, \pi/4 + \varphi]$，则称节点 u 为一个桥节点。其中，φ 表示重叠系数（参考定理 7-4）。算法 7-4 对上述聚类过程进行总结。

算法 7-4　节点聚类

Algorithm 7-4　节点聚类
1:　for u=1 to n do
2:　　for i=1 to k do
3:　　　计算 $\mathrm{dist}(\boldsymbol{\alpha}_u, \boldsymbol{m}_i)$
4:　　选择节点 i，满足 $\min \theta(u,i)(i = 1,2,\cdots,k)$
5:　　$C_i \leftarrow C_i \bigcup \{u\}$，$\mathrm{Com}(u) \leftarrow \mathrm{Com}(u) \bigcup \{i\}$
6:　　更新质心 $\boldsymbol{m}_i$
7:　　//识别桥节点
8:　　for 其他的 $\theta(u,j)(j \neq i, j = 1,2,\cdots,k)$ do
9:　　　if $\theta(u,j) \in [\pi/4 - \varphi, \pi/4 + \varphi]$　then
10:　　　　$C_j \leftarrow C_j \bigcup \{u\}$
11:　　　　$\mathrm{Com}(u) \leftarrow \mathrm{Com}(u) \bigcup \{j\}$

接下来对节点所属的类别进行调整。在对节点进行聚类之后，需要根据节点加入社区的个数来调整节点的类别。这主要是考虑到在上述的聚类过程中，有可能把某些强节点标记为桥节点（如算法 7-4 中的第 8~11 步，在识别桥节点的过程中，有可能存在这样的情况：节点 u 与第 j 个社区之间的余弦夹角虽然属于区间 $[\pi/4 - \varphi, \pi/4 + \varphi]$，但节点 u 只属于社区 j。因此从节点的划分上来说，对于这种情况，节点 u 应该标记为一个强节点而不是桥节点），而把某些桥节点标记为强节点。算法 7-5 给出了节点类别的调整过程。

算法 7-5　节点类别的调整

Algorithm 7-5　节点类别的调整
1:　for u=1 to n do
2:　　if ($|\mathrm{Com}(u)| > 1$ 并且 u 是一个强节点) then
3:　　　将 u 标记为一个桥节点
4:　　if ($|\mathrm{Com}(u)| == 1$ 并且 u 是一个桥节点) then
5:　　　将 u 标记为一个强节点

最后对重叠区间 $[\pi/4-\varphi,\pi/4+\varphi]$ 的取值范围进行讨论。下面的引理 7-4 给出了强节点在谱空间中具有的性质。

引理 7-4　来自于 k 个社区的强节点，在谱空间中形成 k 条半正交的直线。

证明：由定义 7-5 以及上述的聚类过程可知，类 i 中的强节点在谱空间中所形成的直线可以由该类的质心 $\boldsymbol{m}_i(m_{1i},m_{2i},\cdots,m_{ni})$ 近似表示（参考式（7-13））。另外，如果节点 u 属于社区 i，则 $\boldsymbol{\alpha}_u$ 可以由其主成分 $\boldsymbol{\alpha}_{ui}$ 表示。因此，类 i 的质心 $\boldsymbol{m}_i$ 可以近似表示为 $\boldsymbol{m}_i \approx \tilde{\boldsymbol{m}}_i = \left(\sum_{u \subset C_i} \boldsymbol{\alpha}_{ui}\right)/n_i$，即 $\boldsymbol{m}_i$ 位于特征向量 $\boldsymbol{x}_i$ 所形成的直线上。由特征向量的正交性，可以得出引理 7-4 的结论。

定理 7-4（识别桥节点）　如果节点 u 与两个社区之间的夹角满足 $\theta(u,i),\theta(u,j) \in [\pi/4-\varphi,\pi/4+\varphi]$，则节点 u 可以加入两个社区 i,j。

证明：由引理 7-4 可知，来自于 k 个社区的强节点，在谱空间中形成 k 条半正交的直线。也就是说，同属于一个社区的强节点形成一条从 k 维谱空间原点出发的直线。同时，由桥节点的定义可知，桥节点属于多个社区。因此，在 k 维谱空间内，它们形成的直线既不在原点附近，又远离强节点所形成的直线。从理论上来说，一个桥节点应该位于 k 维空间的对角线上，即矢量 $\boldsymbol{\alpha}_u$ 与社区 i,j 之间的夹角是 $\pi/4$，如图 7-4 所示。考虑到在实际情况下，每个节点相对于每个社区具有不同的附属度（引理 7-2），造成该夹角有可能稍小于或大于 $\pi/4$，因此我们设定重叠区间为 $[\pi/4-\varphi,\pi/4+\varphi]$，并利用参数来调整该区间长度。

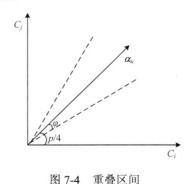

图 7-4　重叠区间

7.5　实验结果与分析

下面基于数据集 State fair、NCSU 以及 KAIST 对相关算法进行性能评价。表 7-1 列出了三种数据集的基本统计信息。对每一种数据集，每隔 30s 随机选择一个源节点，生成一个数据包，源节点一共生成 2000 个数据包。实验结果为 100 次实验的平均值。实验中参数 $\varphi = 0.027 \approx 5°$，节点的通信半径为 250m。进行评价的算法包括 Epdemic、

Prophet、Bubble 以及我们提出的 RIM，评价指标为端到端的平均传输延时、转发代价以及数据包的投递率。下面首先对三种数据集中节点之间形成的社区结构及其对数据扩散速度的影响进行分析。

表 7-1　数据集的统计信息

数据集	轨迹个数	停留点的最小值/平均值/最大值
State fair	19	178/288/415
NCSU	35	206/1179/2604
KAIST	92	511/1589/2800

7.5.1　社区结构及其对数据扩散速度的影响

图 7-5 和表 7-2 显示了三种数据集的社区结构在不同时刻下的统计情况。可以看到与 KAIST 和 NCSU 相比，State fair 数据集的社区结构相对稳定，其社区数目的方差是 0.8661，KAIST 和 NCSU 社区数目的方差分别是 6.1905 和 3.5931。同时可以看到，KAIST 数据集的社区结构波动较大，整个网络拓扑在最差的情况下被分割成 9 个子区域，在最好的情况下所有的节点同属于一个社区。

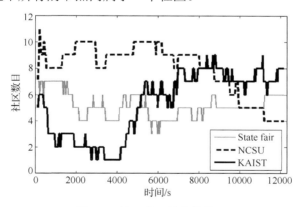

图 7-5　社区数目的变化情况

表 7-2　社区结构的统计信息

数据集	最大值	最小值	平均值	方差
State fair	7	3	5.14	0.8661
NCSU	11	4	7.97	3.5931
KAIST	9	1	5.25	6.1905

基于每个节点加入的社区个数，表 7-3 对三种数据集中各类节点所占的比例进行统计。可以看到，NCSU 的连通性最差，网络中存在 21.23% 的噪声节点。同时，在三种数据集中都存在重叠社区，桥节点的比例分别占到节点总数的 11.39%、11.02% 以及 7.45%。

表 7-3　各类节点的统计信息

数据集	噪声点/%	桥节点/%	强节点/%
State fair	5.36	11.39	83.25
NCSU	21.23	11.02	67.75
KAIST	9.69	7.45	82.86

　　下面分析重叠社区及节点类型对数据扩散速度的影响。首先统计数据包在洪泛算法（包括所有节点）下的数据传输延时，然后分别去除相同数量的上述三类节点，重复数据包的洪泛过程，观察三类节点在数据扩散过程中所起的作用。图 7-6 显示了在KAIST 下的实验结果（其他两种数据集下的实验结果与之类似，在此不再赘述）。观察到的第一个现象是社区结构严重影响数据的扩散速度。可以看到，在数据包的平均传输延时曲线上存在着明显的拐点（在第 4000s 附近，图中的椭圆虚线部分）。结合图 7-5 可以看出，第 4000s 是 KAIST 场景下社区结构变化的一个关键时刻。在此之前，社区结构变化缓慢，数据传输延时呈现一种相对稳定的状态（图 7-6 中的"平稳阶段"）；在此之后，社区数目快速增长，网络拓扑重新分割成不同的子区域，导致数据传输延时呈现一种突发的激增状态，然后再次进入另一个"平稳阶段"。基于上述观察，我们推测移动机会网络中的数据传输延时主要取决于数据包从一个社区扩散到另一个社区之间的等待时间，而数据包在社区内的传输时间相对而言比较短暂。为了验证这一点，我们将整个数据传输时间划分为两部分：第一部分是数据包在社区内传输延时；第二部分是数据包在社区之间的传输延时。表 7-4 显示这两种情况下的统计信息。可以看到，在整个数据包的传输过程中，大约 2/3 的时间花费在社区之间的传输上。

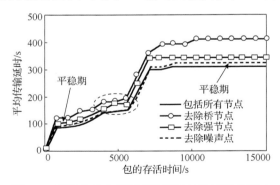

图 7-6　不同的节点类型对数据包扩散速度的影响

表 7-4　数据包在社区内和社区之间的传输延时

数据集	State fair	NCSU	KAIST
社区内/s	80.85	1303.0	180.0
社区间/s	155.0	2566.0	323.0

　　第二个观察到的现象是，尽管桥节点在网络中所占的比例不高，但它们却在数据扩散过程中扮演着重要角色。去掉桥节点使得数据传输延时增长了大约 30%（在平稳阶段，数据传输延时由原来的 310s 增长到 410s），而去掉相同数量的强节点对整个数据传输过程影响有限（由原来的 310s 增长到 340s）。同时，可以明显看到，噪声节点的去除对数据包的扩散速度几乎没有什么影响。

7.5.2　节点中心度及相对重要性对数据扩散速度的影响

　　本节对流行节点（中心度高的）以及相对重要的节点在数据扩散过程中所起的作用进行分析。我们首先利用式（7-11）计算节点中心度及相对重要性。然后分别按照节点中心度及相对重要性，通过在数据扩散过程中去掉前 f% 的节点来观察它们对数据传输延时的影响。图 7-7 显示了在 NCSU 场景下的实验结果。图中 x 轴表示 f 的变化情况，y 轴表示数据的传输延时。带圆圈的灰线表示去掉相对重要的节点对数据传输延时的变化，带方框的黑线表示去掉流行节点时的相应情况。可以看到，去掉相对重要的节点会严重影响数据的扩散速度。与去掉流行节点相比，去掉相对重要的节点使得数据传输延时增加了 25%。另外，当源和目的节点同属一个社区时，去掉相对重要的节点会造成数据传输延时突发性的激增。如图 7-7(a) 所示，当节点去除的比例由 25% 增加到 30% 时，去掉相对重要的节点造成数据传输延时由 1400s 激增到 1800s（增加了 30% 左右），而在同等条件下，当去掉流行节点时，数据传输延时却呈现一种缓慢增长的趋势。上述两种情况充分说明了节点的相对重要性在数据传输过程中所起的重要作用。

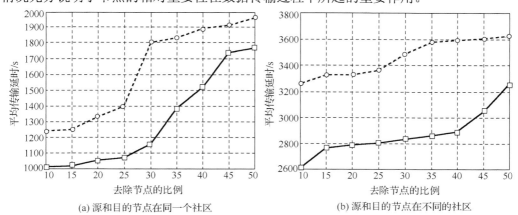

(a) 源和目的节点在同一个社区　　　　　　　(b) 源和目的节点在不同的社区

图 7-7　流行节点及相对重要的节点对数据传输延时的影响
带圆圈的线表示去除相对重要的节点之后，对数据传输延时的影响；带方框的线表示去除流行节点时的相应情况

7.5.3　路由算法的性能评价

　　图 7-8 显示了在数据包的不同存活时间下，四种路由算法在平均传输延时方面的相对性能。可以看到，与 Prophet 和 Bubble 相比，RIM 在传输延时方面分别降低了 70% 和 40%，

如图 7-8(a)所示。这主要是由于 RIM 基于节点相对重要性选择中继，与节点中心度相比，节点相对重要性在更细的粒度上刻画了节点之间的关系。此外，由 7.5.1 节讨论的内容可知，数据包的传输延时主要取决于数据包在社区之间的传输时间。由节点相对重要性的定义可知，相对重要性高的节点与目的节点及其社区伙伴关系密切，选择这些节点作为中继节点，自然可以加快数据包在社区之间的扩散速度，提高数据传输延时的性能。

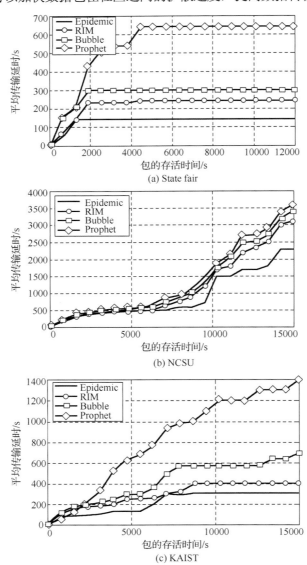

图 7-8　不同数据包存活时间下的平均传输延时

图 7-9 显示了三种算法在 State fair 场景下的转发代价情况（其他两种数据集下的

结果与之类似，在此不再赘述，下同）。可以看到，RIM 的转发代价最低。平均传输一个数据，RIM 只需要 7 个节点进行转发，而在相同条件下，Bubble 需要 12 个，Prophet 需要 19 个。这主要是因为 RIM 在转发过程中，排除了噪声节点，以及当数据包进入目的节点所在社区时，社区之外的节点删除数据包。上述两个方面显著降低了 RIM 的转发代价，但同时又不显著影响它的传输延时与投递率。如图 7-10 所示，RIM 同样具有较优的投递性能。这与 RIM 在数据平均传输延时方面取得的性能增益是一致的。较短的传输时间，意味着在同样多的传输时间内，RIM 可以投递更多的数据包。

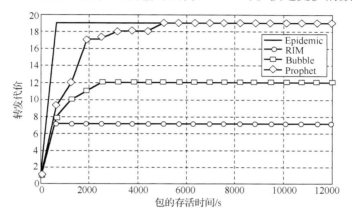

图 7-9　不同数据包存活时间下的转发代价

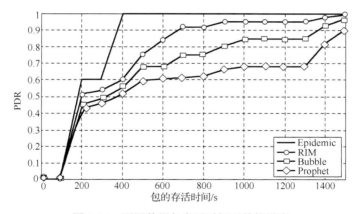

图 7-10　不同数据包存活时间下的投递率

7.6　本章小结

　　本章从移动机会网络社区结构的层面分析了网络社区对数据扩散速度的影响。发现数据包的传输延时主要取决于数据包从一个社区到另一个社区之间的扩散时间。此外，将数据包转发给那些相对于目的社区重要性高的节点，可以加快数据包的扩散过程。基于这两点，我们提出了一种面向网络社区结构的机会路由算法 RIM，RIM 利用网络中的社区结构以及节点相对重要性来提高机会路由算法的性能。结合三种真实的数据集对所提出的算法与相关工作进行性能评价，实验结果表明 RIM 将数据的平均传输延时降低了 40%，同时具有最低的转发代价与次优的数据投递率。

参 考 文 献

[1] Conti M, Kumar M. Opportunities in opportunistic computing. Computer, 2010, 43(1): 42-50.

[2] Tseng Y, Wu F, Lai W. Opportunistic data collection for disconnected wireless sensor networks by mobile mules. Ad Hoc Networks, 2013, 11(3): 1150-1164.

[3] Ioannidis S, Chaintreau A, Massoulie L. Optimal and scalable distribution of content updates over a mobile social network//The 28th IEEE International Conference on Computer Communications, Rio de Janeiro, 2009.

[4] Miklas A, Gollu K, Chan K, et al. Exploiting social interactions in mobile systems//The 9th International Conference on Ubiquitous Computing, Innsbruck, 2007.

[5] Mtibaa A, Chaintreau A, LeBrun J, et al. Are you moved by your social networks application// The First ACM SIGCOMM Workshop on Online Social Networks, Seattle, 2008.

[6] Newman M. The structure and function of complex networks. SIAM Review, 2003, 45: 167-256.

[7] Freeman L. Centrality in social networks conceptual clarification. Social Networks, 1979: 215-239.

[8] Freeman L. A set of measures of centrality based on betweenness. Sociometry, 1977, 35-41.

[9] Yoneki E, Pan H, Crowcroft J. Visualizing community detection in opportunistic networks//The ACM MobiCom Workshop on Challenged Networks, Montreal, 2007.

[10] Palla G, Derenyi I. Uncovering the overlapping community structure of complex networks in nature and society. Nature, 2005, 435(7043): 814-818.

[11] Nguyen N, Thang N, Tokala S. Overlapping communities in dynamic networks: their detection and mobile applications//The 17th Annual International Conference on Mobile Computing and Networking, Las Vegas, 2011.

[12] Hui P, Crowcroft J, Yoneki E. Bubble rap: social-based forwarding in delay tolerant networks. IEEE Transactions on Mobile Computing, 2011, 10(11): 1576-1589.

[13] Daly E, Haahr M. Social network analysis for routing in disconnected delay-tolerant MANETs//The 8th ACM International Symposium on Mobile Ad Hoc Networking and Computing, Montreal, 2007.

[14] Mtibaa A, May M, Diot C, et al. PeopleRank: social opportunistic forwarding//The 29th IEEE International Conference on Computer Communications, San Diego, 2010.

[15] Bulut E, Szymanski B. Exploiting friendship relations for efficient routing in mobile social networks. IEEE Transactions on Parallel and Distributed Systems, 2012, 23(12): 2254 -2265.

[16] Chen K, Shen H. SMART: lightweight distributed social map based routing in delay tolerant networks//The 20th IEEE International Conference on Network Protocols, Austin, 2012.

[17] Yuan P, Ma H, Duan P. Impact of strangers on opportunistic routing performance. Journal of Computer Science and Technology, 2013, 28(3): 574-582.

[18] Zyba G, Voelker G, Ioannidis S, et al. Dissemination in opportunistic mobile ad-hoc networks: the power of the crowd//The 30th IEEE International Conference on Computer Communications, Shanghai, 2011.

[19] Pietilainen A, Diot C. Dissemination in opportunistic social networks: the role of temporal communities// The 13th ACM International Symposium on Mobile Ad Hoc Networking and Computing, South Carolina, 2012.

[20] Lindgren A, Doria A, Schelen O. Probabilistic routing in intermittently connected networks. Lecture Notes in Computer Science, 2004, 3126: 239-254.

[21] Yuan Q, Cardei I, Wu J. Predict and relay: an efficient routing in disruption-tolerant networks//The 10th ACM International Symposium on Mobile Ad Hoc Networking and Computing, New Orleans, 2009.

[22] Wen H, Ren F, Liu J, et al. A storage-friendly routing scheme in intermittently connected mobile network. IEEE Transactions on Vehicular Technology, 2011, 6(3): 1138-1149.

[23] Betsy G, Shashi S. Time-aggregated graphs for modeling spatio-temporal networks//The 3rd International Workshop on Conceptual Modeling in CoMoGIS, Tucson, 2006.

[24] Karagiannis T, Boudec J, Vojnovic M. Power law and exponential decay of inter contact times between mobile devices//The 13th Annual International Conference on Mobile Computing and Networking, Montreal, 2007.

[25] Jolliffe I. Principal Component Analysis. 2nd ed. New York: Springer, 2002.

[26] Golub G, Loan C. Matrix Computations. 3rd ed. Baltimore: Johns Hopkins, 1996.

[27] Chung F. Spectral Graph Theory. Washington: American Mathematical Society, 1997.

[28] Fortunato S. Community detection in graphs. Physics Reports, 2010, 486(3-5): 75-174.

[29] Clauset A, Newman M, Moore C. Finding community structure in very large networks. Physical Review E, 2004, 70(6): 1-6.

[30] Ding C, He X. k-means clustering via principal component analysis//The 21st International Machine Learning Conference, Banff, 2004.

第8章 移动机会网络网内信息处理技术

移动机会网络由大量资源受限的便携式设备组成，如何延长这些设备的使用寿命是移动机会网络研究中的一个重要课题。信息处理是移动机会网络的一种重要功能，同时也是消耗系统资源的一个重要因素。当前的信息处理技术对感知数据进行逐个转发，不利用节约资源。另外，在移动机会网络的众多应用中，用户对一些统计类数据更感兴趣，这就要求在信息处理的过程中，需要对原始数据进行聚合。考虑到这一点，本章对移动机会网络网内信息处理技术进行系统介绍，重点阐述了数据融合策略对移动机会网络性能的影响。

8.1 引　　言

作为物联网感知终端的一种重要组网形式，对物理世界进行信息感知是移动机会网络的一项重要功能。图 8-1 显示了一个基于移动机会网络的感知系统。人们携带具有感知与短距离通信功能的智能设备对周围环境进行感知，并通过机会转发的方式进行数据收集。这种工作模式的优点在于：第一，可以满足物联网大规模的信息感知需求。第二，代价低。由于大多数感知设备由人携带，可以方便地对这些设备进行保养与维护，而传统的无线传感网需要专人维护，代价高。第三，普适性强。利用短距离通信技术可以满足在骨干网络遭到破坏或骨干网络没有覆盖到的区域进行信息感知。第四，负载轻。利用移动机会网络，感知数据通过多跳、自组织方式发送到基站/接入点/服务器，数据收集过程主要由末梢网络完成，有效减少流经骨干网络的数据流量，缓解骨干网络的拥塞状况。与此同时，终端节点之间由于需要相互协作来存储和转发数据包，占用大量的系统资源（能量和缓冲区等）。对于资源受限的移动机会网络，如何延长网络的存活时间就变得至关重要。

网内信息处理技术尤其是数据融合技术通过对相关联的数据包进行聚合，降低需要处理的数据包数目，从而达到延长节点存活时间，满足移动机会网络长时间、持续的感知需求。感知数据的关联性反映在许多机会网络的应用中。以 GreenOrbs 项目为例（该项目是目前世界上规模最大的无线传感系统，监控室外环境的温、湿度以及 CO_2），项目组对收集到的晚间温度信息进行分析，观察到相邻传感器采集到的温度信息具有明显的相关性，前 4h 温度呈线性递减趋势，后 6h 则相对稳定。另外，在许多应用中，人们通常只对一些统计信息感兴趣，如今天的最高/最低气温是多少？而不太关注原始的感知数据。在数据转发的过程中，通过对原始数据进行聚合，可以有效减少转发数据包的个数，节省网络资源。

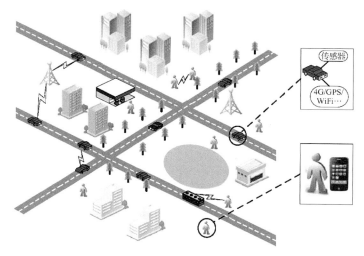

图 8-1　移动感知场景

考虑到这一点，本章对两种移动机会网络中的数据融合算法进行介绍[1]。一种是部分融合机制（epidemic with part fusion，EPF），另一种是完全融合机制（epidemic with complete fusion，ECF）。部分融合机制负责对原始数据进行两两聚合，完全融合机制不但可以聚合原始数据，还可以对原始数据与聚合后的数据进行再融合。

8.2　相关工作回顾

考虑到目前针对移动机会网络网内信息处理方面开展的研究工作非常少，本节主要对传统无线传感网内的数据融合技术进行介绍。

对于固定部署的无线传感网络，传统方法采用"直接上报"的数据收集机制，即传感器节点直接将感知数据上报给 Sink 节点，这种方式没有考虑感知数据的时空相关性，网络负载重。Wang 等用关系图对感知数据的时间和空间关联性进行建模，提出了一种基于数据时间和空间相关性的近似数据收集方法 ADC[2]。ADC 采用分簇的网络结构，实现了簇内局部估计与网内全局近似相结合的机制：每个节点负责维护一个本地预测模型，簇头节点利用其簇内节点的本地预测模型选择性地上传一部分代表节点的数据来降低网络负载；Sink 节点收到这些代表节点的感知数据后，利用这些代表节点与其他节点之间的相关性，估计其他节点的感知数据，从而获得全网的感知信息。

考虑到不同的网元连接方式与数据融合方式对信息有效到达率有不同的影响。在利用多点协作和数据融合保证突发数据的可靠传输方法上，Luo 等进一步研究了传感网信息服务提供的信息可信度问题[3]，针对星型、链式和树型的网络拓扑结构，提出了在数据融合过程中保证信息有效到达率的最优数据转发模型，设计了启发式数据转发机制 MERIG。

8.3　基于数据融合的洪泛机制

本节分析数据融合对机会路由性能的影响。首先在 8.3.1 节中对洪泛路由算法进行简单回顾，然后在 8.3.2 节中介绍了部分融合策略，最后在 8.3.3 节中讨论了完全融合策略。

8.3.1　不考虑数据融合的洪泛机制

洪泛路由通过移动节点之间的接触传输数据包。当两个节点进入相互的通信范围之内时，交换彼此携带的数据包。这种数据包的扩散方式与传染病在人群中的传播方式非常类似，因此近年来吸引了众多关注。由 4.3.2 节相关知识可知，洪泛算法下数据包的扩散速度 $I(t)$、数据包的首个备份被目的节点收到时的延时分布函数 $P(t)$ 以及数据传输的平均延时 $E(T_d)$ 可以分别表示为

$$I(t) = \frac{n}{1 + (n-1)\mathrm{e}^{-\beta nt}}$$

$$P(t) = 1 - \frac{n}{n - 1 + \mathrm{e}^{\beta Nt}}$$

$$E(T_d) = \int_0^\infty [1 - P(t)]\mathrm{d}t = \frac{\ln n}{\beta(n-1)}$$

8.3.2　部分融合机制

本节对部分融合机制进行讨论，8.3.3 节讨论完全融合机制。假设某个事件 E（如某个房间内的温度）可以被 n 个节点感知，每个节点生成一个原始数据包（ID, L_i, T_i, D_i），这里 L_i、T_i 和 D_i 分别代表感知事件发生的位置、时刻与感知信息，事件的假设采样频率为 f，则当且仅当 $|L_i - L_j| \leq \rho$ 以及 $|T_i - T_j| \leq \delta$ 时，我们称数据包 i, j 为相关数据包。ρ 与 δ 依赖于具体应用，例如，如果需要监控房间内 24h 的温度变化，ρ 可以设置为房间的长度，而 δ 可以设置为 1h。

如同在 8.1 节提到的，如果忽略原始数据包的相关性，则节点需要存储所有的原始数据包，占用大量的缓冲空间，影响系统的性能。而对相关性的数据包进行融

合，将减少存储数据包的数量，有助于提升系统的性能。下面对部分融合策略进行介绍。以节点 A 为例，当它遇到另一个节点 B 时，如果节点 A 不包含节点 B 携带的数据包 i，节点 B 将数据包 i 转发给节点 A（假设一个时隙只可以交换一个数据包）。如果节点 A 携带另一个原始数据包 j，且 j 与 i 满足相关性条件，则节点 A 将它们融合成数据包 ij；如果节点 A 携带其他数据包（如 jk），则它不会融合 i 与 jk，而是把 i 存储在它的缓冲区，即数据融合只发生在原始数据包之间，在原始数据包与融合后的数据包以及融合数据包之间并不会进行融合，因此称为部分融合策略，如图 8-2(a)所示。

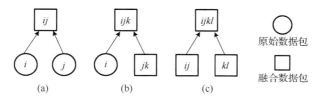

图 8-2　数据融合过程

接下来利用传染病模型和马尔可夫链对部分融合机制的性能进行分析。

如图 8-3 所示，当某个节点携带两个相关的原始数据包时，节点进入融合状态 Λ。假定相关的原始数据包的个数为 x 个，则对于某个原始数据包，一共存在（$x-1$）个其他的相关数据包，在 $[t, t+\Delta t]$ 范围内 I 状态到 Λ 状态的转移率为 $\beta(x-1)I_{p_i}I_{p_j}$。考虑到每个原始数据包具有相同的融合概率，有

$$\beta(x-1)(I_p)^2 \tag{8-1}$$

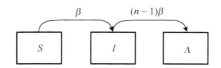

图 8-3　融合过程节点的三种状态：易感、感染、融合状态

类似地，可以得到从状态 S 到 I 的转移率为

$$\beta(n-I_p)I_p \tag{8-2}$$

由上述两式可以得到部分融合策略下数据包的扩散速度为

$$I'_p(t) = \beta(n-I_p)I_p - \beta(x-1)I_p^2$$

$$I'_p(t) = \beta(n-xI_p)I_p \tag{8-3}$$

对式（8-3）两边分离变量，可得

$$\frac{1}{I_p(n-xI_p)}\mathrm{d}I_p = \beta\mathrm{d}t$$

$$\Rightarrow \frac{x}{xI_p(n-xI_p)}\mathrm{d}I_p = \beta\mathrm{d}t$$

$$\Rightarrow \frac{1}{n}\left(\frac{1}{xI_p} + \frac{1}{n-xI_p}\right)\mathrm{d}xI_p = \beta\mathrm{d}t$$

$$\Rightarrow \ln(xI_p) - \ln(n-xI_p) = \beta nt + C_0$$

$$\Rightarrow \frac{xI_p}{n-xI_p} = Ce^{\beta nt}$$

进一步化简后，可得

$$I_p = \frac{nCe^{\beta nt}}{x + xCe^{\beta nt}} \tag{8-4}$$

由初始条件 $I_p(0) = 1$，得到 $C = \dfrac{x}{n-x}$。

将 C 代入式（8-4），可得

$$I_p = \frac{n}{x + (n-x)e^{-\beta nt}} \tag{8-5}$$

基于式（8-5），进一步得到 P_p 的累积概率分布函数为

$$\mathrm{d}P_p = \beta I_p(1-P_p)\mathrm{d}t \tag{8-6}$$

对式（8-6）两边分离变量及化简之后得到（$P_p(0) = 0$）

$$P_p(t) = 1 - \sqrt[x]{\frac{n}{n-x+ne^{\beta nt}}} \tag{8-7}$$

进一步可以得到数据包的平均传输延迟为

$$E_p(T_d) = \int_0^\infty (1-P_p)\mathrm{d}t = \int_0^\infty \sqrt[x]{\frac{n}{n-x+xe^{\beta nt}}}\mathrm{d}t \tag{8-8}$$

可以明显看出，当 $x=1$ 时，由式（8-5）、式（8-7）和式（8-8）可以直接得到式（4-6）～式（4-8），即不采取数据融合的洪泛策略是采取数据融合的洪泛策略的一个特例。下面对融合数据包 ij 的扩散速度 I_{ij} 进行分析。

基于节点携带的数据包类型，将节点重新划分为如下六类：$o, i, j, ij, ij \cdot i, ij \cdot j$。如果某个移动节点不携带数据包 $i, j, ij, ij \cdot i, ij \cdot j$，则称该节点处于状态 o。如果节点携带数据包 i 但不携带 j 或者 ij，则称该节点处于状态 i。状态 j 和状态 ij 与状态 i 类似。状态 $ij \cdot i$ 表示节点同时携带数据包 i 和 ij。同样地，状态 $ij \cdot j$ 表示节点同时携带 j 和 ij。在上述六种状态中，$\wedge$ 表示状态之间的转换规则，则整个转换过程如表 8-1 所示。

表 8-1　六种状态之间的转换规则

^	o	i	j	ij	$ij{\cdot}i$	$ij{\cdot}j$
o	o	i	j	ij	$ij{\cdot}i$	$ij{\cdot}j$
i	i	i	ij	$ij{\cdot}i$	$ij{\cdot}i$	ij
j	j	ij	j	$ij{\cdot}j$	ij	$ij{\cdot}j$
ij	ij	$ij{\cdot}i$	$ij{\cdot}j$	ij	$ij{\cdot}i$	$ij{\cdot}j$
$ij{\cdot}i$	$ij{\cdot}i$	$ij{\cdot}i$	ij	$ij{\cdot}i$	$ij{\cdot}i$	ij
$ij{\cdot}j$	$ij{\cdot}j$	ij	$ij{\cdot}j$	$ij{\cdot}j$	ij	$ij{\cdot}j$

令 $\varnothing, I_i, I_j, I_{ij}, I_{ij{\cdot}i}, I_{ij{\cdot}j}$ 分别表示处于六种状态下的节点数量，有

$$I_{ij} = I_{ij} + I_{ij{\cdot}i} + I_{ij{\cdot}j} \tag{8-9}$$

由表 8-1 和式（8-9），可以得到如下常微分方程：

$$
\begin{cases}
\dfrac{\mathrm{d}I_i}{\mathrm{d}t} = \beta\varnothing I_i - \beta I_i(I_j + I_{ij} + I_{ij{\cdot}i} + I_{ij{\cdot}j}) \\[2mm]
\dfrac{\mathrm{d}I_j}{\mathrm{d}t} = \beta\varnothing I_j - \beta I_j(I_i + I_{ij} + I_{ij{\cdot}i} + I_{ij{\cdot}j}) \\[2mm]
\dfrac{\mathrm{d}I_{ij}}{\mathrm{d}t} = \beta\varnothing I_{ij} - \beta I_{ij}(I_i + I_j + I_{ij{\cdot}i} + I_{ij{\cdot}j}) \\[1mm]
\qquad\quad + 2\beta(I_i I_j + I_i I_{ij{\cdot}j} + I_j I_{ij{\cdot}i} + I_{ij{\cdot}i} I_{ij{\cdot}j}) \\[2mm]
\dfrac{\mathrm{d}I_{ij{\cdot}i}}{\mathrm{d}t} = \beta\varnothing I_{ij{\cdot}i} - \beta I_{ij{\cdot}i}(I_j + I_{ij{\cdot}j}) \\[1mm]
\qquad\quad + 2\beta I_i I_{ij} + \beta I_i I_{ij{\cdot}i} + \beta I_{ij} I_{ij{\cdot}i} \\[2mm]
\dfrac{\mathrm{d}I_{ij{\cdot}j}}{\mathrm{d}t} = \beta\varnothing I_{ij{\cdot}j} - \beta I_{ij{\cdot}j}(I_i + I_{ij{\cdot}i}) \\[1mm]
\qquad\quad + 2\beta I_j I_{ij} + \beta I_j I_{ij{\cdot}j} + \beta I_{ij} I_{ij{\cdot}j} \\[2mm]
\dfrac{\mathrm{d}I_{ij}}{\mathrm{d}t} = \dfrac{\mathrm{d}I_{ij}}{\mathrm{d}t} + \dfrac{\mathrm{d}I_{ij{\cdot}i}}{\mathrm{d}t} + \dfrac{\mathrm{d}I_{ij{\cdot}j}}{\mathrm{d}t}
\end{cases}
\tag{8-10}
$$

由上述常微分方程可以得到融合数据包扩散率的数值解。详细实验结果见 8.4 节。

8.3.3　完全融合机制

上面我们提到，部分融合机制在原始数据包与融合后的数据包以及融合数据包之间并不会进行融合。本节将讨论原始数据包和融合数据包之间的相关性问题。仍然以节点 A 为例，当节点 A 收到一个原始数据包 i 时，如果与自身携带的数据包 j 满足相关性条件，则将它们融合成数据包 ij。如果节点 A 携带其他数据包（以相关数据包 jk 为例），则会把数据包 i 与 jk 融合成一个全新的数据包 ijk。此外，在同样情况下，当数据包 ij 与 kl 满足相关性条件时，则将它们融合成一个新的数据包 $ijkl$。完全融合机制操作不仅实现原始数据包之间的融合，而且实现了在原始数据包与融合后的数据包以及融合数据包之间进行融合，如图 8-2(b)和图 8-2(c)所示，因此称为完全融合策略。融合过程如算法 8-1 所示。

算法 8-1　完全融合机制算法

Algorithm 8-1　完全融合机制
1：当收到其他数据包的时候
2：if 它携带另一个原始数据包 j then
3：　　　fuse(i, j)
4：　else if 它携带一个融合数据包 jk then
5：　　　fuse(i, jk)
6：　end if
7：end
8：当接收到一个融合数据包 jk 时
9：if 它携带一个原始数据包 i 或者融合数据包 lm then
10：　　　fuse(jk, i) 或者 fuse(jk, lm)
11：　else
12：　　　store(jk)
13：　end if
14：end

显然，当考虑到完全融合机制时，原始数据包将很快由于融合而消失。为了统计节点中携带数据包 i 的数目，需要把融合数据包中含有 j, jk 和 jkl 等的数据包考虑在内（它们也可能携带数据包 i）。

如果我们不考虑数据融合机制，这里用 $F_i(t)$ 表示节点在 t 时刻除了原始数据包 i 之外携带其他数据包的比例。基于式（8-5），可得

$$F_i(t) = \frac{1}{1+(N-1)\mathrm{e}^{-\beta Nt}} \tag{8-11}$$

同样，这里用 F 表示 $F_i(t)$，我们可以得到节点在 t 时刻同时携带数据包 i 和 j 以及所有的原始数据包所占的比例，即

$$F_{ij}(t) = \left[\frac{1}{1+(N-1)\mathrm{e}^{-\beta Nt}}\right]^2 = F^2 \tag{8-12}$$

$$F_E(t) = \left[\frac{1}{1+(N-1)\mathrm{e}^{-\beta Nt}}\right]^n = F^n \tag{8-13}$$

显然，当考虑到数据包之间（原始数据包和融合后的数据包）的相关性时，如果在式（8-13）两边同时乘以 N，则可以得到融合数据包分布过程的一个显式解。

因此，可以得出在 t 时刻携带数据包 i 的节点的比例（证明过程略）。

$$F_c(t) = F[2-(1+F)^{n-1}] \tag{8-14}$$

由式（8-14）可得

$$I_c(t) = N \times F_c(t) \tag{8-15}$$

特定情况下，当 $2-(1+F)^{n-1} < 0$ 时，令 $I_c(t) = 0$。

8.4 数值结果分析

8.4.1 移动模型、数据集和系统参数

本章使用随机移动模型以及 NCSU 数据集来验证之前的理论结果，并分析数据融合模型的效率。随机移动模型中节点数的范围是 10～100 个，同时 ρ 与 δ 分别设置为100m 与一个时间单位，仿真区域为 600×600m^2，仿真时间为 200s，节点移动速率为 4～10m/s，停留时间为 1s。

对于上述两种场景，节点的 MAC 层采用分布协调函数（distributed coordination function，DCF）进行访问控制，同时，使用 CSMA/CA 协议竞争共享信道。每个源节点会随机地选择一个目的节点发送一个消息，一共产生 1000 个消息。取 100 次运行后的平均值作为仿真实验结果。性能评价度量主要包括扩散速度、平均投递延时、命中率、缓冲区空间占有量与能量消耗。

8.4.2 性能评价

首先对提出的融合机制性能进行评估。

扩散速度：图 8-4 和图 8-5 表示原始信息与数据融合机制下信息扩散速度的差异。可以看到，仿真实验结果与理论分析十分接近。由于部分融合算法将数据包的扩散控制在半数节点以内（n=2，图 8-4），所以 EPF 算法相对于洪泛算法而言显示了良好的可扩展性。对于完全融合机制，携带原始信息的节点数最终将收敛到 0（n=3，图 8-5）。与此同时，如果不采用数据融合机制，那么将会收敛到 N。图 8-6 显示了融合信息的扩散速度。综合图 8-4～图 8-6，可以看出与原始信息不同的是，融合信息的扩散速度与其在洪泛机制下呈现出相似的趋势。

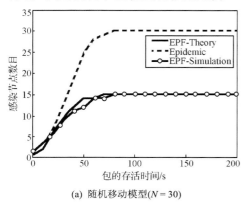

(a) 随机移动模型(N = 30)

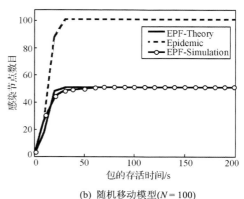

(b) 随机移动模型(N = 100)

图 8-4　部分融合机制下的原始包扩散速度

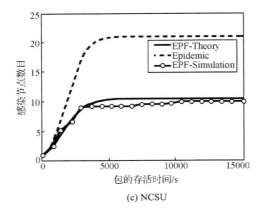

(c) NCSU

图 8-4　部分融合机制下的原始包扩散速度（续）

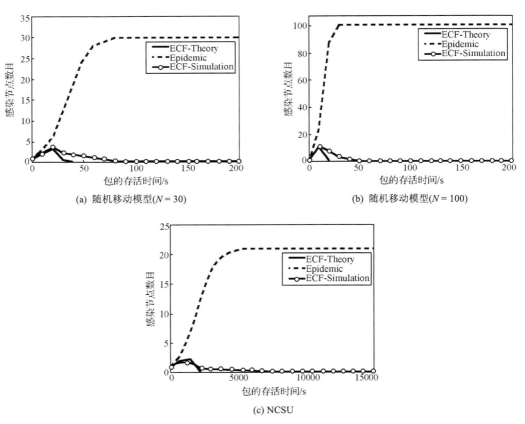

(a)　随机移动模型($N = 30$)

(b)　随机移动模型($N = 100$)

(c) NCSU

图 8-5　完全融合机制下的原始包扩散速度

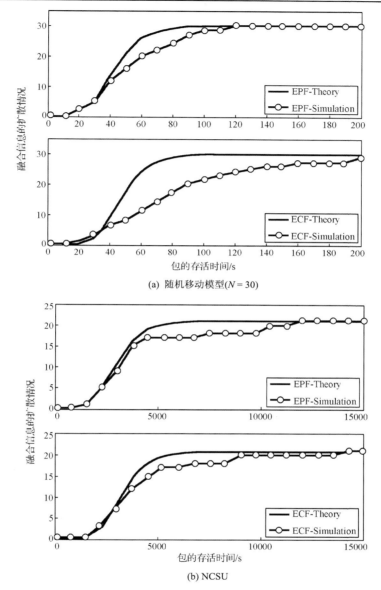

(a) 随机移动模型($N = 30$)

(b) NCSU

图 8-6　部分融合机制下融合信息扩散速度和完全融合机制下融合信息扩散速度

　　下面进一步研究不同的融合机制。纵观上述图形，我们发现原始信息经过部分融合机制或完全融合机制处理后，感染节点的数量呈现完全不同的分布。前者收敛于 N/n（见式（8-5）），后者收敛于 0（见式（8-14））。

　　接下来对融合机制的效率进行分析。

　　平均投递延时（MDD）：图 8-7 表示的是节点数对消息投递延时的影响。显然，平均投递延时会随着节点数量的增加呈现下降的趋势，该现象验证了式（8-5）与式（8-14）的正确性。另一个符合预期的结果是，融合数据的投递延时要高于洪泛机制下的延时，这主要是因为部分融合机制降低了原始数据的备份数，从而提高了平均投递延时。另外，该现象也验证了我们提出的融合机制的准确性。这样，信息融合机制就推翻了洪泛机制关于原始数据包不相关的假设，实际情况下，不同的原始数据之间的传播过程是相互依赖的而不是独立的。因此，如果信息之间互不相关，则洪泛机制行之有效；反之，如果信息之间相互关联，则融合机制显示出较好的性能，这一点在移动感知网络中尤其重要，因为其中的感知数据往往具有某种关联性。

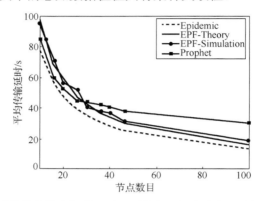

图 8-7　被感染节点数和投递延时（原始包、部分融合、随机移动模型）

当节点密度增大的时候，与概率算法相比，部分融合机制降低了平均投递延时。概率算法通过计算投递概率来研究节点之间的传递性，并且各个节点之间也会相互重复地产生影响，这就导致计算出来的投递概率具有不准确性。随着节点数量的升高，概率算法的这个缺陷会不断被放大。

命中率和缓存空间：图 8-8(a)表示不同节点数下各种机制在命中率方面的性能情况。可以看出，在三种情形下，融合机制都显示出较优的性能。在仿真过程中，EPF和ECF算法能够覆盖到近95%的节点数量，略低于洪泛算法，但是高于概率算法。对于缓冲区占有量，可以看到融合算法显著提高了缓冲区利用率。与洪泛和概率算法相比，ECF算法分别降低了70%和55%的缓冲区间占有量。

能量消耗：数据转发过程中主要有两个操作消耗能量：一个是接收和转发过程；另一个是融合过程。为了计算四种算法的能量效率，这里假设一个节点在接收/转发信息时消耗 r 能量单位，在融合信息的时候，消耗 q 能量单位（$r>0,q>0$）。表 8-2 列出了这两种操作的一些统计数据。与预期一样，融合机制的引入提升了路由性能。与洪泛算法相比，在随机移动模型中（$N=90$），EPF 和 ECF 算法分别节省了约 55%和 80%的能量；与概率算法相比，也分别降低了约 45%和 75%的能量消耗。图 8-9 进一步说明了转发能量消耗（$r=1$）与融合能量消耗之间的关系。可以看出，当二者权重相同时，融合能量消耗仅占转发能量消耗的 1/90。显然，如果提高融合权重，则融合消耗的能量最终会超过转发消耗的能量。

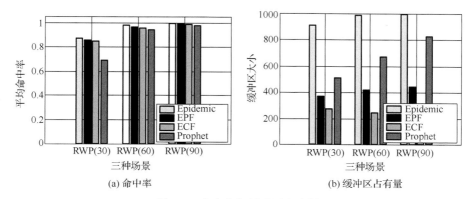

| (a) 命中率 | (b) 缓冲区占有量 |

图 8-8　命中率与缓冲区占有量

表 8-2　四种算法的能量消耗

算法	Epidemic	EPF	ECF	Prophet
接收和转发操作	89840	39834	17802	74554
融合操作	0	442	732	0

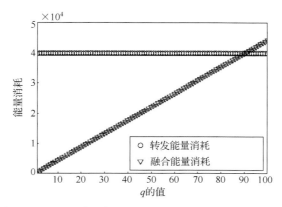

图 8-9　转发消耗与部分融合机制融合消耗之间的关系（随机移动模型，$N=90$）

8.5　本　章　小　结

　　本章对移动机会网络网内信息融合机制进行研究，提出了两种数据包融合策略：部分融合和完全融合。部分融合操作局限于原始数据包之间，而完全融合操作面向全体数据。对提出的两种融合机制进行理论分析及实验验证，结果显示对移动机会网络内的数据包进行网内聚合可以有限降低传输数据包的个数，节省节点能量，延长网络存活时间，扩大移动机会网络的应用范围。

参 考 文 献

[1] Yuan P, Liu P. Data fusion prolongs the lifetime of mobile sensing networks. Journal of Network and Computer Applications, 2015, 49: 51-59.

[2] Wang C, Ma H, He Y, et al. Adaptive approximate data collection for wireless sensor networks. IEEE Transactions on Parallel and Distributed Systems, 2012, 23(6): 1004-1016.

[3] Luo H, Tao H, Ma H, et al. Data fusion with desired reliability in wireless sensor networks. IEEE Transactions on Parallel and Distributed Systems, 2011, 22(3): 501-513.